和风庭院
百科

日本靓丽社 / 编
韦晓霞 / 译

中国轻工业出版社

从纯和风到现代日式风情

充满传统美与款待精神的"和式文化"正吸引着全世界的目光。能够恰如其分地诠释这种文化内涵的代表之一就是"和风庭院"。提起和风庭院，人们都会联想到美丽的日本庭院。利用飞石、汀步、枯山水、竹垣（竹篱笆）、蹲踞（石制洗手盆）等打造出来的庭院，能够让人寻回内心宁静的空间。

和风庭院既有以京都寺院为代表的传统式庭院，也有与现代建筑设计相融合的日式庭院，当然，也不乏许多日式与欧洲风格相结合的精彩庭院设计，日式与欧式相得益彰，却也别有一番风味。

纯和风庭院有着严格的设计要求：石块的组合方式、蹲踞的摆放、竹垣的制作方法等，都需要严格按照要求来布局。

现代日式庭院的特征则是在保留了和风形式美的基础上，引入现代建筑的精华，采用开放性的设计，较多地使用格子、方柱等流行元素。

人们可以独坐和风庭院中，看庭前花落花开、草木荣枯，品味四季更迭；抑或是沐浴着斑驳树影、闲听细水长流；入夜时分，华灯初上，石灯里溢出的温暖，总是能够抚平内心的波澜。和风庭院为我们带来的可能性，远远不止这些。

一起品味和风庭院的优美与宁静吧。

目录 / CONTENTS

纯和风庭院

和风庭院总是能够净化人的心灵。尤其是雨后，被雨水湿润过的和风庭院更显意境。使用蹲踞、竹垣、石灯等点缀的纯和风庭院，相信任何人都会被它的魅力所俘虏。

茶庭中的蹲踞

茶庭中的纯和风蹲踞。地面使用苔藓覆盖，庭院四周则是用竹枝做出围栏。树木选种马醉木、山红叶，低矮灌丛种植木贼。不仅通风良好，还能营造出宁静、淡泊的意境。

- 蹲踞
  茶庭中，以手水钵为中心而设计的一隅。

- 竹穗垣
  竹垣的一种。把竹枝紧密排列，再用竹竿固定围成竹垣。

- 茶庭
  茶室配套的专属庭院。

- 本庭
  庭院的中心部区域，也称作主庭。

- 书院式手水钵（盛洗手水的水盆）
  手水钵的一种，常用于书院式庭院。

- 桂离宫
  位于日本京都市右京区的世界名园。

- 延段
  庭院内石头铺成的小路。

- 五行水钵（洗手的水盆）
  设计时融入了阴阳五行思想，具有风水学上的寓意。

- 筑波石
  庭院石头的一种，茨城县筑波山产出的深成花岗岩。

- 地被
  用于覆盖地面。

- 御帘垣
  竹垣的一种，将竹子排列成竹帘状后，拼接立起，围成竹垣。

优质石材与杂木搭建的纯和风庭院

从和室就能看到的本庭内，摆放了传统的书院式手水钵（图中央部分），院中央是仿照桂离宫风格的延段（图下部靠前部分）。庭院的框架由五行水钵和筑波石搭建，再使用沙砾石作地被。围栏是御帘垣，树木从左至右分别是四照花、山红叶、冬青、吉野樱花等。

可从室内观赏的纯和风坪庭

从日式建筑的玄关处进入后，就来到了正面的坪庭。坪庭在设计上特意使用了隐藏的技巧，只展现出部分景色。充分地利用了越是隐藏人们就越想一探究竟的心理。围栏则是仿造御帘垣风格而特别制作的。树木从左至右分别为马醉木、小羽团扇枫、冬青等。

潺潺流水的纯和风庭院

　　面积约20平方米的狭长纯和风庭院。庭院使用御帘垣作为围栏。位于庭院景色中心的蹲踞选用了充满动态情趣的引水筒为主角，水从引水筒流入用石头围成的池子里，简单却又不失趣味。树木再配以种植姬沙罗（或日本紫茎）、红枫（或鸡爪槭）、山茶、黄杨等。低矮灌丛选择玉龙（或麦冬草）、铺地柏、石菖蒲等。

- **引水筒**
  令水通过竹筒或木筒，流入手水钵的装置。

在宁静中感受和风

真正的纯和风庭院"行之庭"

　　设计简洁、大胆随性。随着四季更迭，庭院将会展现出不同的面貌。种植树木左起为丰后梅、罗汉松、红枫（或鸡爪槭）等。

- **行之庭**
  书法有楷书、行书、草书之分，庭院也是如此。"楷之庭"的风格通常较为中规中矩；"草之庭"则更注重写意、不受条条框框束缚；"行之庭"的风格则介于二者之间。

聚会、招待的纯和风庭院

　　简洁大方、便于打理的纯和风庭院。整个庭院在设计上十分重视风格的统一，此外，为了展现庭院空间的延展性，特意将室内的观赏视野向左右拉宽。通过借助本御影石子路与丹波石延段的组合，再配上象征流水的伊势沙砾石而搭建出来的蹲踞一隅，静待寻访者的到来。

- **本御影**
  日本兵库县神户市御影地区附近出产的含有淡红色长石的花岗岩。

- **丹波石**
  日本京都府龟冈市出产的庭院石头。

- **延段**
  庭院内石头铺成的小路。

- **伊势沙砾石**
  沙砾石的一种，由日本三重县菰野地区出产的花岗岩研碎而得。

竹垣之内，感受幽静凛然之气

将景色收藏入画框的坪庭

庭院以雅致的人造竹垣作为围栏，可以从玄关走廊与室内房间两处地点眺望。主要种植的树木为日本石柯，低矮树木选种红继木、茶梅，地被植物则选择了杉苔种植。翠绿欲滴的杉苔能够让人忘却平日里的喧嚣，在庭院中找回属于内心的平静。

- **地被植物**
  覆盖地表的攀爬类植物。

竹垣之内的舒适和式庭院

把草木丛生的庭院重新翻修，去除多余的树木，再铺上颜色明亮的沙砾石，整个庭院瞬间重新散发出活力。沙砾石下铺有除草垫，可以防止杂草丛生，节省打理庭院的时间。围栏使用的是建仁寺垣，灯笼则是旧物新用。树木左起为红枫、南天、珊瑚阁红叶。

- **除草垫**
  铺在地表、通过其强耐根性防止杂草丛生的垫子。
- **建仁寺垣**
  竹垣的一种。京都建仁寺制作，常用作遮挡围栏。

尽享花鸟风光的庭院

能够从玄关处的地窗看到的坪庭。坪庭以蹲踞为中心，再辅以卵石与三和土、花岗岩制作的道标灯笼，通过物品与植物展现出自然的气息。

- **地窗**
  靠近地面的小窗。
- **卵石**
  花岗岩河卵石。圆润、无棱角，直径在10~15cm左右。
- **三和土**
  主要用于加固路面或地面。往红黏土里加入石灰后，使用木槌敲打成形。

- **花岗岩**
  庭院石头的一种。日本兵库县六甲山系出产的淡红色花岗岩。
- **道标灯笼**
  石制灯笼的一种。道标是日本古时候立于分岔路口处刻有文字指示的石头路标。也指仿造道标外形制作的石制地灯笼。

翻修成正宗的和风庭院

进行庭院翻修时，可以通过将原有的庭院石头、灯笼以及树木重新安排位置，改变沙石筑山的形状等，营造出一种幽远、静谧的氛围。左侧是竹穗垣；图中左边的是雪见灯笼，右边的是织部灯笼。树木左起为黄杨、罗汉松、银桦、黑松。水钵旁的地被植物为石菖蒲。

- 筑山
  使用庭院沙石人工堆砌起来的小山。
- 竹穗垣
  竹垣的一种。把竹枝紧密排列，再用竹竿固定围成竹垣。
- 雪见灯笼
  灯笼的一种。灯笼整体高度较低，通常为圆柱状。也不乏六角形、八角形圆筒状的造型。
- 织部灯笼
  灯笼的一种。四角形的地灯笼。据说由茶人古田织部发明制作。

与房子风格相融合的纯和风庭院

使用景观石（庭院内用作造景的石头）与石子路搭建一个与日式房屋相得益彰的庭院。水钵摆放在原先的黑松树下。入园小路采用"散铺"的手法摆铺铁平石（图中靠前部分）。

令人心情舒畅的纯和风庭院

庭院四周使用和风的竹垣作为围栏。竹垣的主要材料为无须护理的人造竹，做成建仁寺垣风格，可以保护屋主个人隐私。右侧摆放雪见灯笼，左侧摆放引水筒。种植树木选择与和风庭院相衬的冬青、红叶等。地被植物选种木贼、玉龙（或麦冬草）等，再使用飞石与白川沙砾石填满。

- 散铺
  铺步石的手法之一。不刻意追求对齐，让步石自然地形成小路。
- 铁平石
  日本长野县佐久、诹访地区出产的板状石头。
- 飞石
  步石的一种。铺小路时使用的石头，通常会间隔一定距离摆放。
- 白川沙砾石
  日本京都府东山北白川出产的沙砾石。体积偏大，约为9~15mm。沙砾石的白色较为柔和，常被用作庭院造景材料。

情趣盎然的日本庭院

　　日式房屋前的日本庭院。为了能够从室内观赏庭院，把蹲踞摆设在庭院中央处。由于庭院较为开阔，需要从整体考虑造景物件的搭配。植栽以单冠的小羽团扇枫为主，再辅以白檀（或灰木）、海榴花（或茶花赤丹）、樱踯躅（或粉杜鹃）、日阴踯躅（或黄绿杜鹃）、马醉木等常绿树木。地被植物为富贵草、红羊齿草等。

> • **植栽**
>   指种植树木草类。亦指种植了树木草类的地方。
> • **单冠**
>   树干为单株，无侧株。

　　聆听蹲踞潺潺水声，重获心灵治愈时刻

竹垣内的宁静空间

　　客厅正对面的纯和风庭院，竹垣之内的宁静空间。竹垣选用的是人造竹垣，蹲踞则选择了自然石的手水钵。

纯和风的飞石露地

　　和室前的纯和风庭院。地面铺上白川沙砾石，再搭配上不规则摆放的飞石。景观石选用的是鞍马石，树木的植栽以黑松、吊钟花为主。

> • **露地**
>   即茶庭，特指去往茶室的小路两旁的庭院空间。
> • **鞍马石**
>   庭院石的一种。日本京都市鞍马地区出产的闪绿岩，风化后会在表面产生褐色纹路。

品味茶道的纯和风庭院——茶庭

　　在纯和风的庭院中，专门为茶道而设计的庭院称作"茶庭"，也可以称作"露地"。作为茶道的礼仪之一，客人经过小路、进入庭院之后，需要在"静候亭（腰挂待合）"等待主人做好准备。茶庭中放置手水钵的一隅称作"蹲踞"。手水钵前会有一个"前石"，上方会有"引水"流下，四周还会放置"汤桶石"或"手烛石"等具有特别象征的"役石"。这就是蹲踞的基本配置。来访者会蹲在前石上，在手水钵处洗净双手，"蹲踞"因此得名。

静候亭（腰挂待合）内部。

外围竹篱是四目垣（呈网状的竹篱）。

潜门（竹篱入口）与静候亭。静候亭的墙壁为毛坯墙。

入园小路采用了与桂离宫相同样式的花岗岩延段。

正宗的茶庭

　　茶道里千家流派的庭院。由于来访者较多，特意设置了潜门与静候亭。地面全部使用青苔覆盖，庭院四周使用竹穗垣隔开。再选用修剪较为柔和的草木种植，营造出清风入园、令到访者心旷神怡的景色。给庭院内的苔藓与石头洒上水时，会令庭院景致意境更为悠远。

- **茶庭**
  茶室的附属庭院。
- **露地**
  即茶庭，特指去往茶室的小路两旁的庭院空间。
- **静候亭（腰挂待合）**
  露地内搭建的休息处。
- **前石**
  蹲踞的役石之一，一般放置在手水钵前。到访者会

在此处蹲下洗净双手。
- **役石**
  为了让茶会顺利进行、放置在露地中具有一定作用的石头。以蹲踞为例，有手烛石、汤桶石、前石、滴水石（水挂石）等。
- **潜门**
  进入庭院的小门。庭院入口。

茶庭全景。图中左侧灯笼为织部灯笼，树木分别为山红叶、姬沙罗、马醉木等。

纯和风庭院 vs 现代日式庭院

和风庭院大致可分为纯和风庭院与现代日式庭院两大类。纯和风庭院与传统日式建筑相辅相成，现代日式庭院则融合进了现代建筑的理念。两类庭院的入院以及庭院设计、使用的素材、施建方法都有所不同。

纯和风庭院 基于日本古典传统形式、充满优雅与静谧的设计

正宗的纯和风入院大门

彰显底蕴的数寄屋门（日式木制栅栏拉门），与和风建筑相协调。

体现流水之美的纯和风庭院

将可移动的石块放置在水路四周，寓意流水。

园门有固定的模式

纯和风庭院的园门一般多为传统的日式建筑物，常见的有数寄屋门或冠木门。

使用石、竹、植物等天然素材

纯和风庭院一般会使用竹垣围起庭院，庭院内摆设石山、蹲踞。庭院使用的素材常以木、竹、天然石块、沙砾石、植物等大自然素材为主，植物通常选用杂木或是苔藓。由于选用的是天然素材，因此需要长期进行修整与维护。

主庭、坪庭的隐规矩

纯和风庭院按照区域有主庭、坪庭、中庭之分，按照风格有石山庭院、水池庭院、苔藓庭院、枯山水庭院等。庭院石头的摆放以及组合方式、步石的排列、灯笼以及手水钵的位置、役石的搭配也有默认的规矩。

现代日式庭院 采用令人身心放松的色调，再结合现代感强烈的住宅设计

充满流行时尚感的现代日式庭院

通过铝塑的格子造型，打造极具时尚感的现代日式庭院。松树的造型也十分合适。

恬静、治愈的庭院

从会客室看到的现代日式庭院。庭院设计使用透明的玻璃方柱，令整个空间绽放出梦幻的光芒。

高度自由的入户大门设计

现代日式庭院的入户大门设计自由度很高，尤其是非日式传统房屋，常常可以见到各种各样的设计。一般会使用纵向的格子栅栏或者方柱，模仿京都街道两旁房屋的色调与氛围，也常使用石柱等用作遮挡摆设。

铝制品等素材也受到青睐

现代日式庭院不仅会使用天然素材，也会采用人造竹垣、人工石、铝制格子栅栏和方柱等人工材料。目前市面上也有接近原木质感且无须维护的新型材料。庭院种植的植物也不仅限于杂木类，也会种植其他各种不同的树种。

高度自由的庭院设计

与纯和风庭院不同，现代日式庭院的设计拥有很高的自由度。可以选择搭配室外露台或者入户小花园，也可以使用由防腐木制成的横纵格子栅栏，或者直接使用毛坯墙作为围栏也未尝不可。

- **数寄屋门**
  入户大门的一种。使用数寄屋式建筑法（使用茶室的建筑手法建造的带有茶室风格的建筑）打造的入户大门。
- **冠木门**
  入户大门的一种。在两个门柱上搭一根横木（冠木），以此形态为门。冠木门不设屋顶。
- **蹲踞**
  茶庭中，以手水钵为中心而设计的一隅。
- **役石**
  为了让茶会顺利进行，放置在露地中具有一定作用的石头。以蹲踞为例，有手烛石、汤桶石、前石、滴水石（水挂石）等。

现代日式庭院

现代日式庭院之所以逐渐受到欢迎，是因为它不仅保留了和风庭院的传统美，又兼顾了设计自由与居住舒适度，并且能够与现代风格的住宅房屋相融合。令人备感安心、舒适的色调以及较多地使用格子、方柱等极具流行元素的设计，是现代日式庭院的显著特征。

透明玻璃方柱点缀的现代日式庭院

充满现代感的透明玻璃方柱点缀了整个现代日式庭院。庭院中放置了显眼的大型信乐烧水钵（图片前方处）。

静寂治愈的庭院

　　能够从屋内观赏的现代日式庭院。由于使用了透明的玻璃方柱，令整个庭院洋溢着幻想世界的氛围。树木选用了三株台杉（或日本柳杉），低矮灌丛则是选种多福南天、石蕗、青木（或低绿灌木）、细叶柊南天、三叶踯躅（或三叶杜鹃）等。

京都风红叶庭院

　　适合现代日式建筑的庭院风格之一。玄关旁种植五针松，院内深处的红梅与白梅则把入园小路与红叶庭院区分开来。

和风石板露台

　　有效利用每一寸空间的和风石板露台。标志性的树木是红枫，并且使用花岗岩来寓意流水。庭院的焦点在岬形灯笼。

> ● 岬形灯笼
> 灯笼的一种。以海岸防洪堤上的灯台为原型所设计的摆放类灯笼。

自带现代日式露台的庭院

　　庭院设计之初，在配合原有的和风建筑基础之上，还追求实现功能性与观赏性最大限度的一体化。在庭院中摆放蓬莱泷石群，然后将露台的功能区延伸至庭院中央。大众普遍认为和风庭院的功能性较弱，但融入了露台这一功能区域后就会大为改观，再采用石桥将两个区域连接。闲暇时，在露台上一边品尝咖啡，一边欣赏庭院景色，也别有一番风味。

感受初秋气息的现代日式庭院

　　设计时更多地选用了与现代日式建筑相符合的素材，尽可能地追求和风还原。与传统的和风庭院不同，该庭院最大的特色是采用了线条简洁、利落的物件与树形自然、柔和的树木，二者结合达到完美的平衡。腺齿越橘的红色叶子与白花岗岩交相辉映。

兼顾观赏性与功能性的现代日式庭院

外围选用了独创的石木相结合的围栏。围栏由花岗岩柱与碳化木（横木部分）搭建而成。天然材料建造的围栏与庭院的氛围十分契合。为了体现和风氛围，造景时选择摆放筑波石与原创设计的水盘作装饰。不仅能够作为景观庭院，还兼具观赏性与功能性。树木左起为短梗冬青、红叶、冬青等。

与自然共存的现代日式庭院

外围使用独创的竹穗垣，内里采用个人风格强烈的渠道和石板来搭建庭院的框架。树木左起为短梗冬青、山红叶、马醉木等。

京都风格的现代日式庭院

在有限的空间内打造出充满京都气息的现代日式庭院。入园小路配合庭院深处的玄关，营造出幽深的氛围。瞩目重点在于原创设计的水钵（图片中央）。

被寂静氛围环绕的现代日式庭院

图为庭院南面与东面小路的交汇处。岬形灯笼以及作为背景的矮石板墙，再加上一旁由石块砌成的花坛，构成了一道极为和谐的风景。庭院内种植的树木左起为龙柏、红叶、山茶、珊瑚树、黄心树，后方为雪冠杉、樱花等。

在寂静中捕捉流淌的时间
——现代日式庭院

蹲踞、关守石。为避免积水滋生蚊虫，将已有的石臼底部凿洞，改造成蹲踞的水钵。见到关守石，就意味着"此处止步"，如今，仅作为装饰物的关守石，也令人倍感新鲜。

善用传统的造景物件，打造意境深远的现代日式庭院

设计庭院小路和造景石（庭院内的景观石）时，充分考虑了整体搭配，在大小、摆放位置的选择以及氛围等方面，把重点放在营造自然气息浓厚的庭院上。传统风格的造景物件令小院更具悠远意境。

仿佛山间凉亭一般的空间

秉持和风露台的理念，使用防腐木制成围栏打造出来的温馨空间。和风露台不仅适合和风庭院，即使是在欧式庭院也能够打造出开阔的景致。

- **造景物**
  打造庭院景观时使用的物件。
- **凉亭（东屋）**
  庭院内建造的四角屋顶的小亭子。

与房屋风格协调的现代日式庭院

配合和风的建筑，使用了防腐木制作露台。从露台可以看到庭院内标志性的树木大柄冬青（图片左侧）。右侧树木为红枫（或鸡爪槭）。

心理空间与功能空间完美结合

将心理空间（治愈空间）与功能空间（物理空间）完美融合在一起的"和式庭院"。人实际行走的石廊选用了独特的石板，既符合景观设置，又兼顾了功能性。树木左起为冬青、荚蒾、腺齿越橘、马醉木、山红叶等。

使用露台打造现代感

坪庭风格的现代日式庭院

在庭院中央建造一堵坪墙，为了营造和风的感觉，直接使用灰浆刷墙，再用工具将墙面和地面洗出纹路，坪庭风格的庭院就打造完成了。种植黑竹，给整个庭院带来一股清凉。

治愈内心的和风空间

和风的坪庭。庭院围栏的挡板选用了铝制的材料，骨架使用的是树脂木。围栏栅栏使用了聚碳酸酯材料（热可塑性塑料），几乎无须人工维护，十几年如一日地美丽。除了需要遮挡的部分之外，全部采用通风良好的镂空栅栏。植被为白橡树、野村红叶、沈丁花、多福南天、玉龙（或麦冬草）等。

品尝岁月流逝，意境深远的庭院

庭院内的光与影，不禁让人联想深冬时节的情景。正面的墙壁采用"漆喰"涂料（以消石灰和硅藻为主要原料的墙壁涂料），圆形花坛内种植的是姬羽团扇枫。

衬托平顶房的现代日式庭院

为了与瓦房顶平房的风格相统一，使用了相近的色调。整个庭院设计不仅充满了时尚与现代感，满目的绿色植物也令人身心舒畅。

格子围栏与带屋顶露台的现代日式庭院

围栏由几幅格子栅栏搭建，每幅由30根2m高的木条构成，是现代日式庭院常见的高围栏。在露台周围也使用了同样的栅栏。

现代日式庭院与入园小路

连接玄关的入园小路左手边是令人寻回内心平静的庭院景观。整个庭院把主屋与新建筑有机结合在了一起。

感受宁静与和平的现代日式庭院

选用格子围栏（图片右侧）与合适的植物（冬青、青枝垂红叶、细叶南天竹、多福南天），不仅突出了和风的氛围，也兼顾了遮挡作用。图片前方的灯笼为道标灯笼。

魅力无限的现代日式庭院前庭

庭院内以和风为主题，选择栽种植物与石头摆放。从玄关旁的小窗口可以窥见整个庭院的景色，在停车场的位置可以透过方柱看见院内的植物。这样的设计不仅景色优美，还具有遮挡的作用。

自带露台的现代日式庭院

使用由树脂材料制成的防腐木搭建的露台。使用统一的单色调来衬托植物的绿色。种植树木有山红叶、姬让叶等，此外，还种植了常绿树木属的光蜡树、月桂树作为天然遮挡。

以疏木林点缀现代日式庭院

由各类杂木组合而成的疏木林，再辅以摆放特制的水盘和灯笼，打造出令人极为怀念的空间。地面铺的是地皮碎屑（树皮的碾碎物）。种植杂木左起分别为白钓樟、红叶、冬青、茱萸等。

"现代日式"风格如何体现？

与现代住宅风格相融合的日式外墙与庭院，引入了日本传统的"精致典雅"理念，再将之与现代住宅风格相互融合。使用的材料与设计理念也与传统的日本庭院大相径庭。外墙主要选用直线型或者单色调，庭院的设计与使用材料也有极高的自由度。令人感到内心平静的色调，格子或杂木的流行元素，强调横纵的框架设计等，都是现代日式庭院的显著特征。

外墙主要选用直线型或者单色调

入户大门由纯和风改建为现代日式风格的案例。改建前为数寄屋门（上图），改建后采用了现代日式常见的含有格子元素框架设计（右图）。

直线型设计带来的"和风"

外墙的大门以及围栏使用纵线设计会给人带来"日式和风"的感觉。纵向的格子栅栏、方柱以及石柱的直线形态都相互和谐地演绎出了"和"的意境。与此相对应，使用曲线或是斜方格子的设计，就会带有一丝欧式的风格。材料没有选择以往的木材，而是使用不锈钢或铝制框架等无机材料。

单色调带来的"现代风"

外墙整体的色调使用单一的黑、焦茶、银色系，会给人带来"现代"的感觉。外墙大门、围栏以及院内坪墙使用统一的单色调，能够与房屋本身融合，打造出简约、流行的外观。

单色调的横格子打造出的现代流行风格。

与露台、阳台自由组合

　　考虑到现代住宅的实用性，建议设计庭院时可以与露台相结合。露台虽然给人"欧式"的感觉，但相对于日本传统庭院的窄廊而言，更为方便、实用，设计风格也更加现代。

从露台看到的现代日式庭院。树木左起分别是三叶红叶、白橡树、山红叶、姬沙罗（或日本紫茎）等。

种植树形自然、优美的杂木

　　传统的日本庭院一般种植松树、罗汉松、山茶等，修剪与养护都十分耗费精力。现代日式庭院则会选择树形自然、优美，且养护较为简单的杂木类树木种植。常绿树木可以选择白橡树、冬青、光蜡树、台杉（或日本柳杉）、红继木等；落叶树木可以选择白蜡树、野茉莉、桂树、娑罗树、姬沙罗（或日本紫茎）、红叶、四照花等。

杂木逐渐被秋天染红的现代日式庭院。杂木左起分别为白蜡树、山红叶、金缕梅等。

灯光让夜间的庭院换上另一副容颜

　　日本庭院从古时候起，就一直使用灯笼或者其他光源工具照明，而现代日式庭院多为使用灯光照射。庭院灯光既有从上往下打光的射灯，也有从下往上照射的地灯，各种各样的灯光将庭院的夜景——点亮。

夜间的灯光照明，仿佛置身于京都的街道。

和式与欧风相融合的庭院

在现代住宅中，既存在欧式的客厅，也有铺着榻榻米的日式房间。"欧式"与"日式"的混搭，人们已经习以为常。因此，设计庭院时，往往也会采用"欧式"与"日式"的优势，这就是和式与欧风相融合的庭院。

日式素材与欧式材料共同打造的温馨庭院

将紧挨着客厅与和室的南面空间打造成既有日式美又兼具欧式风格的庭院。与隔壁房屋邻接的围栏部分使用防腐木板，按照一定的空间留白进行搭建，再种上树木与低矮灌丛，营造出悠远静谧的氛围。壶、水钵、照明灯等造景物件的摆放，会进一步烘托出庭院景色的层次感。

和式与欧式融合的温馨庭院

为了使日式与欧式风格更加完美融合，特意将开阔平坦的地形设计成简约的风格。兼具入园小路功能的露台前随意地摆放圆形与不规则形状的板石，以此连接大门与露台。考虑到进门即为和室，于是在庭院设置了一隅蹲踞，营造出幽静的氛围。日式与欧式风格融为一体，构成了一个充满开放性的庭院。

不分日式或欧式的百搭现代庭院

以从和室所看到的院内景观为中心理念而设计的庭院。使用一排排整齐的格子栅栏作为房屋之间的遮挡，再借助瓦片、天然石块营造出和风的气息。植物选择树形优美又富有意境的红枫（或鸡爪槭），令整个空间流淌着一股跃动感。

感受四季变迁的庭院

作为背景的围栏特意建高少许，再搭配上洋溢温暖气息的木制栅栏（井字或格子形状）与纹路柔和的墙面涂装，不仅保证了空间的私密性，又能够缓解空间带来的局促感。庭院的整体设计，令室内观赏成为一种独有的乐趣。

以石庭为桥梁的日欧风庭院

　　站在房屋一侧看向庭院，左手边是摆设了蹲踞的纯和风庭院，右手边是可以欣赏玫瑰的欧式石板露台庭院。两种风格迥异的庭院设计通过院内深处的石庭相互连接起来。连接欧式的庭院与以蹲踞为代表的纯和风庭院的桥梁，正是使用花岗岩铺置的小路。

> • 石庭
> 将高山植物或苔藓等穿插种植在岩石间的观赏庭院。

日欧两种风格互相交织的庭院

　　花岗岩的延石与南部沙砾石的梦幻组合。从露台（图片前方）前方使用花岗岩延段作为连接，让整个现代日式庭院充满了令人安心的感觉。

> • 南部沙砾石
> 沙砾石的一种。日本京都府南部地区产出的赤茶色圆形沙砾石。

回归自然的日欧风庭院

　　庭院设计时，不再特意区分属于和室的日式景观，也不执着于西式房间的欧风庭院，而是将日式与欧式风格返璞归真，以最自然的形态呈现。立水栓的红色是点睛之笔。树木左起为紫薇花、雪柳、野茉莉等。

现代自然派庭院

　　开阔的院内建造了日式以及欧式的两栋房屋。欧式房屋前是纹理地面露台，而日式房屋前则铺上了石板露台。连接两处露台的是一处多功能小空间。

同时领略日式与欧式风格的庭院

　　将庭院大致划分成两个区域，外部区域主题是"和"，内部区域则是"欧"。内外部区域的交界处使用木板栅栏与植被分隔，两种截然不同的氛围在同一个空间里极其自然地联结在了一起。

从欧式风格过渡到日式风格的庭院

入园小路使用天然石块的散铺与地面涂装相搭配，保证欧式风格的同时，又能够与日式风格有一定的适应性。植物的选择上也体现出了这种过渡，树木左起为罗汉松、四照花、红叶、冬青等。

带有露台的和式欧风庭院

庭院南侧的露台前放置原创的罗照水钵（枝洋一设计），从室内也可以观赏到院内水景。树木左起为姬沙罗、马醉木、西洋石楠花等。

零维护的地砖露台庭院

庭院使用色调舒适的铝制板作为围栏屏障，地面选用瓷砖铺砌。树木分别为三裂树参（左）、白檀（中）、鸡嗉子果（右）。

欧式与日式构建的完美平衡

将和风庭院改建翻新成欧式风格的庭院。把原有的庭院石头用来搭建石庭，然后加入仿混凝土石以及涂装墙面等欧式风格的材料。考虑到日式与欧式风格的平衡，西面的屏障采用欧式的墙面涂装，南面则保留了已有的竹垣。

温馨的坪庭和中庭

  我们把在房屋与房屋之间建造的小型和风中庭称为坪庭。它为我们谱写了一曲光与影以及潺潺流水的旋律，夜间又会化成一抹明暗，抚慰众人。

草木与天然石交织而成的和风景色

和室的坪庭。透过艺术窗观赏到的坪庭，充满和风情趣。通过使用花岗岩的延石，以及瓦片、圆形沙砾石等和风材料，打造出舒适、平和的空间。引水筒的水流声使人内心重获平静，仅仅远观，也能获得一份属于内心的平静。

享受四季的坪庭

能够享受四季变化的坪庭（左页）。树木分别为野村红叶（左）以及四照花（右）。

坪庭

因小而孕育无限可能，
可于此品味日式情感

可观赏坪庭的客厅露台

使用较高的隔板确保个人空间私密性的现代日式坪庭。图为从客厅看到的坪庭景色。树木分别为冬青、加拿大唐棣、杨梅，低矮灌丛为水栀子、乌毛蕨、额紫阳花、多福南天、富贵草、银边麦冬、金边阔叶山麦冬、荚果蕨、矮草等。

在身边的坪庭感受大自然气息

在庭院一隅，以蹲踞为中心打造坪庭，再搭配上和风的树木与低矮灌丛等植被。树木分别为石楠花、红叶、岩踯躅，低矮灌丛为玉龙（或麦冬草）、白玉龙（或白麦冬草）、岩苏铁等。

感受四季的坪庭

在坪庭的一角摆放水钵，周围使用伊势地滚石来表现流水。地窗与厨房后门之间的小路采用斜线设计，加深庭院空间的层次感。灯笼为雪见灯笼，树木分别是红叶、麻叶绣线菊等。

坪庭

将一楼阳台改建成和风坪庭

位于房屋一楼约5平方米的坪庭。地面材料选用了和风庭院常用的那智黑沙砾石以及花岗岩。先将沙砾石铺满整个地面（厚度约5cm），再将圆形的花岗岩当作踏石，按照一定曲线摆放，夏天洒水时会特别凉爽。

可以从室内观赏的现代日式庭院

将模仿景石（用作庭院造景的石头）的贴砖方柱按照不等边三角形的位置摆放。方柱的高度各不相同，因此从不同角度观赏，会得到不同的感受。

犹如框中画的坪庭

玄关内部的坪庭。从玄关处看向坪庭，就好像是门框中的画一般。树木左起为光蜡树插种、小羽团扇枫插种、朱砂根，贴近地面的植物为多福南天、铁角蕨、富贵草、杉苔等。

坪庭

可从室内观赏的坪庭

位于玄关一侧的和风坪庭。可以从室内观赏。

花草繁多的和风庭院

在和室前建造一段窄廊，摆放上织部灯笼，种上玉簪花、一叶兰、桔梗等植物，共同打造一个和风的空间。在室内可以透过雪见拉门（上半部分为不透明的格子遮挡，下半部分为透明玻璃。常用作赏雪，因此而得名）看到庭院的景色。

玄关处的治愈坪庭

进入玄关首先看到的开阔的坪庭空间。将透明玻璃方柱拟作六方石，极具现代风的坪庭。

坪庭

入户坪庭

打开玄关大门就能透过玻璃看到的和风坪庭。房屋设计时,就以"屋内坪庭"的中心理念进行设计,才得以实现。

用绿色唤醒内心平静的现代日式庭院

玄关门廊前的坪庭。利用木栅栏与景石(用作庭院造景的石头)组合而成的坪庭。每当出门或归家看到这个角落时,总是能够获得一刻短暂的治愈。

背阴处的坪庭

位于北面的坪庭,种植了厚叶石斑木、油点草、日本鸢尾等喜阴植物。灯笼为生入灯笼。

> • 生入灯笼
> 石灯笼的一种,没有底座部分,灯柱部分直接插入土中。

聆听溪流的潺潺水声、洗涤心灵的坪庭

在庭院一隅的空间内引入流水。按下开关，就能听到沁人心脾的潺潺水声。背面的竹垣使用两种不同的颜色来搭建。图为白天（左）与夜间（右）的景色。

满是岁月痕迹的坪庭

可以观赏到长满青苔石灯笼的坪庭。树木为钓樟、荚蒾、吊钟花、玉簪花等。

可以从和室观赏的纯和风坪庭

配合日式瓦片房屋在庭院一角建造的纯和风坪庭，主要由蹲踞与灯笼构成。

坪庭

可以从露台观赏的现代日式坪庭

以用水处为中心而设计的坪庭，因此材料选择上以耐久性强的材料为佳。围栏使用了仿竹垣式的树脂板，加上木纹铝制方柱装饰。在从地窗直接可以看到的位置上，摆放瓦制立体板墙以及灯光照明植物，然后再按照石庭的风格堆砌石头，将两个区域连接起来。整个坪庭的布局基本上以室内观赏的角度为依据。

和式与欧式融合风格的坪庭

　　房屋女主人正在学习茶道，因此考虑到实用性，特意做设计让和室能够听到引水筒的声音。植被有山红叶插种、绣球花、西洋石楠花、万年青等。

活用小空间的和风坪庭

　　将和室面对着的空间改造成和风坪庭。灯笼为织部灯笼。

位于北面狭窄空间内的坪庭

　　有效利用北面狭窄空间打造的和风坪庭。以竹穗垣为背景，左侧摆放石群与水盘，近地处则用开花期各不相同的宿根草来点缀。一整年都能够体验不同景色与情趣。树木左起为冬青、马醉木、石楠花等。

现代日式风坪庭

　　使用现代日式风格的材料打造的坪庭。夜间，信乐烧的灯光会令整个空间更加深邃。

位于北面的朴素坪庭

　　北面的遮挡屏风采用了人造竹垣的大津垣。图为从室内看到的坪庭空间。

> ・大津垣
> 将制成板状的竹子正反穿过横杆而编成的竹垣。

仿造小桥流水的坪庭

使用日式瓦片与那智黑沙砾石来表现溪流的意象。水钵里种植的是山茶，地面植被为木贼、石菖蒲等。

- **那智黑沙砾石**
  沙砾石的一种。日本三重县熊野市产出的带有光色的纯黑色沙砾石。大小为3~10cm，是黑沙砾石中的最高品质。
- **立方石**
  将天然石块人工切割成边长约9cm正方形的石头。

坪庭内壁泉水奏响的洗涤心灵之声

可以从任何一个房间观赏到的坪庭。坪庭内壁泉的水声总能洗净人心。水钵下方是花岗岩、白川沙砾石、那智黑石、瓦片。树木为有斑青木、黑竹、三裂树参。

坪庭

仿堆砌造山的坪庭

坪庭中央堆砌隆高处种植的是四照花，根部位置故意外露，以突出整个坪庭的重点。隆起部分使用立方石堆砌，再加上伊势滚地石与三和土填充。和风的感觉一下子就出来了。

透过窄廊观赏到的坪庭

从和室透过窄廊观赏到的坪庭。左手边前方为提灯。树木分别是野茉莉和马醉木等。

由纵向格子栅栏打造的坪庭

　　玄关一侧的坪庭。黑色的格子栅栏作为遮挡围栏，既带有和风的感觉，又不失流行元素。树木为枝垂红叶、光蜡树。

让死角化身治愈空间

　　用玄关一旁的角落打造的坪庭。种植了加拿大唐棣以及吊钟花，还放置了鸟巢风格的照明与由叠石搭建的花台。

以竹垣作为背景的坪庭

　　和室前的坪庭。御帘垣前种植了红叶与黑竹，石灯笼内部安装有照明系统，夜间也可以欣赏坪庭景色。

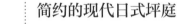

小而不仄，找回平静的空间

坪庭

浴室窗外的坪庭

　　浴室窗外的坪庭。特意将房屋之间的遮挡墙建高，确保空间的私密性。可以一边入浴一边欣赏坪庭的景色。

简约的现代日式坪庭

　　从和室可以看到的坪庭。既有现代风格，又给人一种安心的感觉，是日常生活中不可多得的一抹治愈。地面由水泥砖块拼接，再辅以白玉沙砾石点缀。植被为竹子。

从地窗看到的坪庭

　　从和室地窗看到的坪庭。利用造景石打造出和风的感觉。树木为白檀、草珊瑚。

六方石坪庭

可以从三处方位观赏到的六方石坪庭。右侧是浴室，左侧下方的地窗位于玄关的门廊处。由于上方有屋顶，不适于种植植被，改用白川沙砾石与川沙砾石的搭配来衬托六方石。

- 白川沙砾石
  日本京都府东山白川地区产出的9~15mm大小的沙砾石。白色亮度适宜、柔和不伤眼，常被用作造园材料。
- 六方石
  庭院石头的一种。天然形状且通常呈六角形柱状的石头。

简约却又充满个性的现代日式中庭

红色的四照花令整个中庭增色不少。在透过玄关处的圆窗（图中左侧）能够看到的位置种植四照花。

中庭

墙壁围绕的典雅中庭

从客厅可以看到墙壁之间的中庭。客厅内摆放有钢琴，再加上涌水眼处放置了罗照水钵。水声与琴声交融，令整个空间充满了高贵、典雅的氛围。

从室内看到的景色。

令人感觉舒适的杂木中庭

　　平房的中庭恰巧正对着客厅与檐廊，中庭的设计恰当与否，会一定程度影响家中的氛围。因此，在杂木的选择上考量更为仔细。树木左起分别为山红叶、野村红叶、姬沙罗。

色彩鲜艳的野村红叶。

中庭

有流水的中庭

　　从客厅看到的中庭景色，让人不由自主地联想起涓涓细流。隐藏下游终点，加深了整体空间的深邃感。

有效利用小空间搭建坪庭

许多房屋都会有玄关窄廊或者两房之间交界处这些狭窄的空间。这些地方通常比较阴暗，容易变成死角空间。但是通过使用恰当的道具和改建，就能够变身成为美丽的坪庭。

利用房屋北面的狭长空间建造坪庭。

外侧的景色。

图中的房屋利用北面狭长的空间建造了一个坪庭。首先制作露台，然后再放上沙砾石、石块、钵等物件，打造成坪庭的风格。露台底下改造为杂物窖，方便堆放杂物。PC塑料制作的门板透光性好，在日照充足的天气，坪庭会十分明亮。坪庭内不仅放置了水钵，还添加了照明系统，完全可以把这个空间当作生态箱或是夜间小花园观赏。

- PC塑料
  热可塑性塑料的一种。具有透明、抗摔、耐热、不易燃的特性。

玄关处的和风庭院

入户大门以及玄关前的和风庭院，不仅能够令居住的人平静，还可以为路人提供观赏性。

玄关前的和风小庭院

院内地面与路面存在高低差，因此每一层台阶面积都会逐渐增加。考虑到台阶踩踏安全，每层阶梯使用一整块大面积的石板，既保证了安全性又不失情趣。为了最大限度体现造景石与植被，把它们分别安排在了每层台阶的左右两端。重点景观树木是青梻。

玄关前的坪庭

　　将蹲踞作为主要视点，加入到入园小路的景观设计中。水流从不锈钢制的引水筒中流出，滴落在接水陶器内，犹如滴水将整个陶器内里染成银色一般。入园小路使用石板与那智石铺成间隔状的条纹图案。

简洁利落的现代日式小庭院

　　可以从玄关、客厅、厨房、阳台四个方位看到的坪庭。植物左起为腺齿越橘、连蕊茶、冬青等。

突出手水钵存在感的小庭院

　　入园小路使用花岗岩板铺成，简约大方且很好地突出了蹲踞与植被。植物左起分别为青栅（或白蜡树）、马醉木、冬青、腺齿越橘等。

与房屋相融合的和风前庭

　　与和风外观的房屋相融合，选择了以红枫（或鸡爪槭）为主的设计，再搭配上鸟海石群，构成了一幅和风画面。门前的停车位与入园小路使用了地面涂装与黑御影的切割石块搭配砌成。

景色优美的开放式和风外院

　　房屋正面面向道路，因此，在玄关前设置了一幅格子栅栏遮挡。为了营造层次感，靠近路面、庭院中部、深处等位置种植了较高大的树木。台阶式入园小路两旁的空间使用了庭院石头挡土，然后分别在左右两侧摆放蹲踞与灯笼。玄关前的格子栅栏此时成为了背景，一幅优美的风景画跃然眼前。

玄关前的两种风格迥异的和风庭院

进入玄关后，左侧的前庭位于屋檐下，地面选择使用涂装处理。院内小路则用石板铺成，再种上台杉、玉龙等植物。与停车位之间使用四目竹垣进行区域划分（左图）。右侧的前庭内摆放道标灯笼，植被以台杉为主，低矮灌丛种植玉龙、铁角蕨、石蕗等。最后使用御帘垣作为与隔壁房屋间的遮挡屏障（右图）。

石门柱与杂木构建的现代日式庭院

门柱、入园小路、庭院全部使用天然石块打造而成的现代日式庭院。庭院亮点在于三棵杂木勾绘出的门前景致，以及可以用来赏月的露台庭院。其中，红色的邮箱是整个现代日式庭院空间的点睛之笔。杂木左起分别为四照花、光蜡树、红枫（或鸡爪槭）。

入口处的治愈坪庭

客厅大窗正对着坪庭。中央种植了一株白檀，不失为恰到好处的遮挡。

玄关是"家的门面"，
应有所执着

现代日式的玄关庭院

玄关直接面对柏油路面，因此设计前庭时，尽量使用植被与石块来营造空间的层次感。树木左起为三叶踯躅（三叶杜鹃）、紫薇花、红叶、花水木（茱萸）、光蜡树等。

停车场旁的和风庭院

停车位旁的植被区域，用天然石块和瓦片营造和风的感觉。冬青下方会搭配种植一些低矮灌丛。

玄关前的现代日式庭院

虽然使用了带有和风元素的物件，但尽量以杂木为中心进行设计，减少空间的生硬感，并且精心安排花卉的种植位置，令它们能够根据季节绽放。植被左起为白檀、带斑线芒草、红枫、玉龙等。

玄关前的坪庭

自家住宅大楼公共入口处的坪庭。坪庭由红枝垂红叶、织部灯笼、蹲踞构成，地被选择了抗旱性较强的砂苔种植。

玄关前的散步道

房屋隔壁是公寓和停车场，因此遮挡板选择了有延伸感的黑色屏障。踩着悬浮在空中的石板小路，就能感受周围花草树木带来的季节感。一开门，安详宁静的庭院景色就能够治愈人的内心。此外，堆砌花坛的中央特意只种植了一株红叶。

选用杂木点缀四季和风庭院

日本人自古就偏爱用杂木来装点和风庭院。借由树木的变化，感受春之新绿、夏之收获、秋之红叶以及冬之风情，细细品味四季的变迁。每到雨后，庭院又会展现另一番趣味与魅力。

犹如在森林中漫步的庭院

　　弯曲的小路由天然石块无规则拼接而成。四周种植了许多不同的花草树木，走在当中犹如在森林中漫步一般。树木左侧为四照花，右侧是三裂树参。花草分别为柏叶紫阳花、蔷薇、白斑蔓草、小聚等。

北面也可以很明亮的背阴花园

　　面朝东北方向的和风背阴庭院。特意减少遮挡屏障的高度并涂成黑色，以突出院内植物的存在感。通过黑色石块的堆砌与植被之间的平衡，来打造温馨、祥和的庭院。树木左起为千金榆、山踯躅（或山杜鹃）、枹栎、红枫。低矮灌丛是日本鸢尾、玉龙等。

闲坐、站立、踱步——自由延伸的空间

　　无论是坐立还是踱步，空间总会给人不断延伸的感觉。庭院露台、草木埋种的位置高度与客厅地面高度相同，仿佛与屋内同处一个空间，过渡十分自然。树木左起为娑罗树、四照花、红叶、千金榆。低矮灌丛为小熊笹竹、玉龙等。

兼顾赏花乐趣的和风庭院

　　地面使用花岗岩的石板铺成，不仅增加了空间的延展性，还提升了整个庭院的亮度。庭院内摆放的水钵令庭院深处的花卉得以绽放，进一步体现了赏花的乐趣。庭院内落叶树较多，因此在不同的季节里，不仅能够观赏红叶，还可以欣赏各种花卉。树木分别为长柄双花木、黑松、红枫、青栁。低矮灌丛是针叶树、荬果蕨、砂苔等。

石头与杂木装扮的典雅花园

　　以红叶树为主的现代日式庭院。曲线柔和、起伏平缓的草坪与杂木的绿叶以及白色的花岗岩，三者交相辉映，打造出极致典雅的花园。杂木左起为青栅、山红叶、红花荷、金缕梅等。

小小庭院，山水尽收于胸

　　通过石头的高低差营造出空间内的远近感，实在是让人想不到此庭院面积竟然不到30平方米。花岗岩打造的石板尽显现代风格。树木左起分别为冬青、短梗冬青、山红叶、白檀等。

> **花岗岩**
> 常见的一种岩浆岩，主要成分为石英、长石、云母等，也叫御影石。

杂木树林的和风庭院

　　深山树林、杂木树林风格的和风庭院。庭院设计的重点在于地面使用石板铺砌，并且要按照一定的顺序组合拼接。杂木为红枫、常绿四照花、青栅等。

从茶室观赏的杂木庭院

　　从茶室远眺罗照水钵。树木左起为矮马醉木、青栅、冬青、红枫等。

用杂木点缀现代日式庭院

　　配合现代日式的房屋，采用了熔岩石搭配杂木庭院。杂木左起为山红叶、青栅等。

有池子的杂木和风庭院

　　池子周围种植树形自然、柔和的树木，不仅充满自然气息，也能构成与动感强烈的现代建筑相适应的庭院。植被选择以能够明显感受四季变化的落叶树为主，如红叶、四照花、桂花、青栅等。

一年四季都充满乐趣的自然风庭院

　　设计的主题是"观赏庭院"。通过种植红叶、杜鹃花、少花蜡瓣花等树木以及野蔷薇、光千屈菜等低矮灌丛，来打造和风的氛围。

自然气息浓厚的现代日式庭院

用杂木点缀的现代日式庭院。玄关右侧是插种的四照花与红色的黄栌，左侧为红山紫茎、日本山梅花、柊南天、男荬蒾、千金榆等。

利用石头表现山间泉涌的取水处

使用三波石的景石堆砌出泉涌处，涌出的泉水落在手水钵内，只有附近的村民才知道的秘密取水处。这就是庭院设计的背景故事。将台杉排列种植在遮挡屏障前，令庭院与四周的环境隔绝。前方的树木左起分别为小叶随菜、含笑花、姬沙罗、久留米踯躅等。

- 三波石
  庭院造景石的一种。日本群马县三波川地区产出的石头。

深山幽谷意境的和风庭院

使用天然石头来寓意流水，营造出人迹罕至的深山幽谷意境。树木左起为姬沙罗、山红叶、冬青、青柳、男荬蒾等。低矮灌丛左起有吊钟花、石蕗、圆叶玉簪、甘茶紫阳花、粉花绣线菊等。

借景造庭

贴上马赛克砖的砖台让整个空间都呈现出立体感。以翠绿色的竹林为背景，衬托庭院中的野村红叶。两种颜色的瓷砖与球形物件令庭院增添了些许现代气息。

和风杂木庭院，坐看深秋红枫

　　说起"红叶"，脑海中便会浮现出一抹枫红。红叶的园艺品种达 120 种以上。作为和风杂木庭院的代表树木之一，常常会在各种庭院内见到他们的身影。

和风杂木庭院初夏的风景（左图）以及秋季红叶的风景（上图）。树木左起为红枫、娑罗树、野茉莉。低矮灌丛左起为铁角蕨、青苔、麦冬、黑麦冬等。

※ "枫树"是枫树属的总称，"红叶"是其俗称。

从和室观赏到的秋季红叶的风景。树木左起为粉雪柳、红枫、长柄双花木等。

初夏的风景（下图）与秋季的风景（上图）。

青苔点缀的和风庭院

　　对于日本京都的苔庭，我们从很久以前就十分熟悉。苔庭独有的湿润气氛是它最显著的魅力。和风庭院也常常会使用青苔作为地被。日本人欣赏清幽、清寂，而苔庭恰巧满足了这一感性情怀。苔庭不仅能够治愈人们的内心，对环境而言，也是一个良性的生态庭院。

被青苔与杂木的翠绿所环绕的治愈庭院

　　杂木与青苔构成的庭院。设计的理念是让家与自然更加亲近，因此，让自然把整个房屋环绕起来，令家人能够在接近自然的环境中生活。左页是单株的红枫与四照花。为了确保青苔的生长空间，尽量减少了低矮灌丛的数量。被青苔占领的三角窄廊就是整个庭院的特等观赏席位。上图为充满红叶与杉苔翠绿的整个庭院。

阳光照射下的苔庭

　　阳光照射下的明亮庭院。明媚的阳光透过栅栏，将影子洒在青苔上。

青苔点缀的中庭

　　图为从二楼看到的景色。壁泉的下方是作旧的水钵与延石。

青苔打造的深山风景

姬沙罗的下方是荷包牡丹、衫苔等植被。石头今后将逐渐被青苔覆盖，林间野趣的氛围更深了。

和风苔庭内孕育的宁静

大谷石仿佛浮在空中，地被有大灰藓、富贵草等。

青苔的世界——
不起眼却不可或缺

青苔的枯山水庭院

景石与白川沙砾石打造的枯山水庭院。使用耐旱性强的砂苔来为庭院增添色彩。

以青苔为主角的和风庭院

天然石块铺成的园路上，地钱成为受人瞩目的主角。

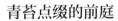

青苔点缀的前庭

玄关附近的设计重点在于直接使用原有的庭石打造前庭，然后再种植四照花，并辅以青苔为中心的低矮灌丛搭配，营造出野外山间的感觉。

明亮、通风的苔庭

由于墙围栏的墙体较高，容易产生压迫感，于是在入园小路两旁栽种杂木、野草、青苔等用作缓和。阳光从南面照射进庭院，通风性良好。铺好的石板上已经覆盖有部分青苔，接下来只要花时间多加维护与保养，整个庭院一定会更具有层次感。

平和宁静的现代日式苔庭

以石块造景为主，由五部分石头构成。主石上附着有砂苔，其它则是用玉龙覆盖。整体基本上只使用青苔与玉龙草两种植被来打造，因此给人简约大方、朴素宁静的感觉。树木左起为冬青、山茶、白檀、贴梗海棠等。

青苔庭院的改建施工步骤

❶改建前从玄关看到的景色。

❷进行土壤更换作业。将需要移植的树木挖出，捆绑固定根部。去除旧土壤，放入经过改良的新土壤。

❸用起重机将庭石移入庭院。

❹起重机吊起庭石移入的同时，搭建好摆放的位置。

❺庭院初步成型。

❻铺上青苔。

❼铺上玉龙。靠前方种植的是冬青，它的存在加深了整个庭院的层次感。

精选庭院石块点缀的和风庭院

　　"石"是和风庭院的重要元素之一。即使没有真正的流水，只要通过不同石块的组合与堆砌，就能够营造出如枯山水或枯瀑布那样的"水流感"。石头本身形状各异，按照一定顺序摆放，和风庭院所蕴含的美也将呈现出更多的可能性。

由石块打造的枯水池
　　通过石块的组合摆放来体现"流水"的和风庭院。平时可以作为枯水池观赏，来客人的时候则可以引入一些井水，形成浅水池。树木左起为红叶、四照花等

日欧风格融合的枯山水庭院

　　大面积的日欧风庭院，图为二楼看到的景色。右侧是利用造景石以及沙砾石做出的现代日式枯山水庭院，左侧是欧式露台，再加上庭院里的高大树木，整个院子极具立体感。

使用石头组合以及沙砾石表现"流水"的庭院

　　在庭院中央使用石块与伊势沙砾石表现"流水"的意境。庭院内铺有园路，可在院内散步。

与房屋融合的和风前庭

　　配合和风建筑，以红枫为主的植被，再利用鸟海石打造和风庭院。

以泷石群为中心的日式现代庭院

开阔的现代日式庭院中央摆放蓬莱泷石组群（参见P16），然后将露台向中央延伸，扩大可使用面积。树木为大柄冬青、红枫、冬青、杨梅等。

四神镇守的庭院

以房屋为中心，将东南西北四个方位分别建成青龙庭、朱雀庭、白虎庭、玄武庭。玄武庭为枯山水风格，流水由玄武头部的泷石流出，然后流经整个庭院。

可见日本庭院变迁的枯山水庭院

可以窥见庭院深处日本古老的枯山水石群，仿佛是日本庭院从古至今历史变迁的缩影。

深山幽谷般的和风庭院

　　庭院造景的重点是将石块堆砌成山谷，再铺上各种低矮灌丛，用来营造深山的氛围。低矮灌丛左起为铁角蕨、石菖蒲、虎耳草、杉苔等。

枯水瀑布的纯和风庭院

　　窄廊正面对着的开阔纯和风庭院。用古典的堆砌方法将每个五吨重的石块打造成庭院中心的枯水瀑布。自然生长的赤松树干曲线优美，加深了庭院的层次感。

简单朴素的和风石庭

　　简约朴素风格的和风石庭。主要标志性树木为皱叶木兰，地被植物为穗序蜡瓣花、山踯躅（或山杜鹃）、西洋牡荆树、福寿草（或侧金盏花）、匍匐筋骨草、富贵草等。

杂木林风格纯和风庭院

　　自然气息浓厚的杂木林和风庭院。配合自然生长的树木，随意地将六方石堆砌在周围，使石头本身自带的僵硬氛围柔和下来。

用石庭表现山间泉涌、饮水处

　　手水钵周围的景观石由三波石堆砌而成，流水由此处涌出，随后流入手水钵中。附近村里的人们都把这里当成是秘密的取水处。以上就是庭院设计的背景故事。树木左起为大紫踯躅、山茶、马醉木、小羽团扇枫等。

可静听流水的和风庭院

"水"是和风庭院的重要元素之一。本身需要使用到水的池子或者蹲踞就可以用来体现"流水"的感觉。潺潺的流水声、波光粼粼的水面、沁人心脾的凉爽，依山傍水的庭院最能抚慰人们的内心。

享受景色的现代日式庭院

从露台观赏到的现代日式庭院。远处是姬路城，树木为三叶踯躅、白橡树、山红叶、姬沙罗等。

和风流水庭院

和室前由和风石块搭建的池子。中央是欧式瀑布与和风瀑布，相互独立又互相映衬。

水从中央的石头中涌出。容易被水沾湿的地方铺上了蓝色系的圆石，情调一下子就体现出来。

聆听潺潺流水声的庭院

庭院以涌水的石臼为中心，再搭配石块以及枕木和石板，打造一个日式与欧风相融合的庭院。庭院内有枕木与石板，还有各种立方石，不失为一个散步的好去处。

有池子的和风庭院

和室前的和风庭院。空间由四目垣包围起来，但通过调节间隔减少了闭塞感。池子四周用石头围起，放置织部灯笼。通过种植山红叶、日本铁杉、罗汉松等植物，打造一个宁静、祥和的空间。

采用了与以往完全相反的方法来搭建流水处的石块。植被以及蛇形的曲水都彰显着与众不同。

从和室小窗看到的池子庭院。

石板营造出来的直线条气势，再加上仿佛要穿破结界一般的流水，令整个空间充满了和谐的统一感。

流水营造出的高级庭院

庭院风格以直线型为主，流水路径也设计成直线，最终流入池内。驳岸使用大割石。直线型的流水与露台令整个庭院充满了与以往不同的气势。

"流水"庭院

利用井水打造的流水庭院，枯水期时也可作为枯山水庭院观赏。树木为冬青、长柄双花木、小羽团扇枫等。

利用高低差打造的流水庭院

使用花岗岩板与树木，利用高低差因地制宜打造的生态庭园（适合动植物栖息的生态空间）。庭院主体由天然素材搭建，随着时间的洗礼，将更具风味。

使用植被点缀的水池庭院

使用植被与石块铺盖，将其中空间打造成池子，然后再加入照明系统。水声、池子、景石、植物，构成了一个随时都可以观赏的乐园。铺盖用的石块是体积稍大的鸟海石与筑波石。

水边的和风庭院

在有限的空间内建造的石头水池，令空间内每一处景色都展现出最美的一面。确认地表以及石块情况后就可以搭建水池，再使用给人带来清洁感的御帘垣作为整体空间的背景隔板。通过对树荫、阔叶树以及石材的选择与摆放，营造出极具季节感的"阴与阳"的调和。

水面有汀步的池子

池内水面上放置汀步。汀步石头的高度恰好接近水面时，走踏时就会有一种昂扬的感觉。池子与林立的树木，也一定会带来令人舒爽的凉风。

池子的施工步骤

❶根据池子的形状，稍微挖大一些。然后加固地盘，铺上防水布。

❷根据池子的形状摆放景石，移植主要植被。

❸加固石块之间的咬合，放入汀步石。

❹在池子的地面与侧面下方处浇入灰浆，完成涂泥。

完成！

沙纹描绘出的枯山水庭院

枯山水，即指不使用流水，仅通过石头或者沙砾来表现流水的风景。枯山水石庭以龙安寺的最为有名。家中庭院也可以重现枯山水的景色。

通过沙纹来表现波纹

图为从二楼看到的枯山水庭院。中央位置设置岛屿，然后使用两块白花岗岩搭建桥梁，最后使用沙纹来表现波纹。

现代日式庭院里的枯山水

　　从客厅看到的枯山水庭院。露台使用天然形状的红色系的斑岩乱形石堆砌建成，洋溢着现代的感觉（图中左侧）。院内还摆放有五行水钵，在客厅就可以听到水声（图中右侧前方）。

- 斑岩
  一种含有大量斑晶的、具有斑状结构的火成岩。

- 乱形石
  按照石头本身的形状进行加工后的石材。

寻回内心平静的严苛空间，
是日本独有的世界观

日本古老的枯山水石庭

　　使用老水井与筑波石打造的枯山水庭院。石块的摆放让人可以窥见深处的枯山水。树木左起为红枫、四照花、冬青等。

夜间的枯山水庭院

从和室可以看到的庭院。夜间的枯山水在灯光的照射下，呈现出幻想的氛围。树木的影子洒在了白色墙壁上。

枯山水中摆放水钵，表现"山间泉涌"的意境。

枯山水带来的清爽！治愈之庭

入门旁的小型枯山水使用了白川沙砾石搭建。夏日风过时，树木的声音不禁传来阵阵凉意。夜间点灯之后也别具一番情调。因灯光而显现出来的枯山水阴影，令整个空间荡漾着幻想的气氛。

使用瓦片的枯山水，极具流行元素。

枯山水的入园小路

入园小路仅使用白川沙砾石与景石（庭院造景用的石头）来打造。条状的纹路简单而又充满现代气息，却又如同真正的枯山水一样，给人带来了寂静的感觉。

正宗和风庭院的枯山水

配合大气、庄重的房屋，选择了罗汉松作为庭院的标志树，并在树下栽种玉龙（或麦冬草），再辅以白川沙砾石，以此来打造枯山水庭院。

美丽的沙纹。

单色调的现代版枯山水

在棱角尖锐的空间内用黑白描绘出的枯山水。从中间望去，两个池子（或是河流）中间架起了如同渡桥一般的步石路。从外部看，就如同浮在河流上的飞石一般。通过使用双色沙砾石（山沙砾石与石灰沙砾石）来体现石灰沙砾石寓意的水面，并且用石灰沙砾石制作出了沙纹。最后再搭配以黑色的石材与象征渡桥的立方石以及象征岛屿的熔岩石。

65

享受惬意室内视野的和风庭院

从室内观赏室外的和风庭院也别有一番乐趣。透过窗户看到的庭院，就如同画框中的艺术画一般。我们通常把这种效果称作"画框效果"。从室内观赏庭院，与在室外观赏是两种截然不同的乐趣。

现代日式风格的借景造庭

图为从和室看到的景色。借用了远处的竹林作为背景，树木正面的是红叶，右手边是西洋石楠花。

昼夜双倍乐趣的坪庭

　　坪庭是和风的布局。以竹穗垣作为背景，夜间开灯之后，仿佛走进了幻想的空间。左图为白天的景色，右图是夜晚的景色。

从和室看到的和风陈设

　　透过和室的拉门看到的坪庭景色。竹垣是建仁寺垣，灯笼为创作灯笼，地被是百子莲。

在家中看到的现代日式庭院

　　让人联想起京都的现代日式庭院。从室内看到的景色如一幅画（左图）。下图为从客厅看到的庭院景色。

情趣盎然的现代日式庭院

为了让室内观赏也能享受到乐趣，特意将庭院的地盘建高了。庭院内摆放有六方石，种植的地被为木贼等。

> • 六方石
>   庭院石的一种。形状呈六角形柱状的天然石块。

可以在室内感受阳光的空间

从客厅露台看到的和风庭院。即使在室内也能够感受阳光。

透过拉门看到的初秋庭院

初秋的现代日式庭院。透过拉门看到的景色着实别有一番风味。

仿佛非现实空间的坪庭

透过走廊尽头的固定窗看到的坪庭。窗外的黑竹仿佛挂轴里的画一般。

从和室看到的两个庭院

从和室看到的两个庭院。左侧为坪庭，右侧是石块造景的和风庭院。两个庭院的景色都十分优美。

犹如框中画一般的坪庭

从室内看到的坪庭。灯笼是棱角稍微柔和一些的道风灯笼。背景的御帘垣围栏令整个空间宁静、祥和。

从室内"观看"现代日式庭院

玄关与走廊可以从地窗看到庭院，庭院内的景色仿佛要突破窗框进入屋内一般。树木左起为小叶随菜、四季开花的金桂、欧洲荚蒾、女贞等。

从室内看到的玄关坪庭

从室内看到的玄关旁边的坪庭。树木为红羊齿草、光蜡树。

仅是观赏就十分治愈的和空间

从和室看到的景色。遮挡屏障使用了铝制的材料，窄廊则选用了树脂材料。植被为白橡树、野村红叶、沈丁花、多福南天、玉龙等。

随着岁月流逝越发韵味悠长的坪庭

从和室的雪见拉门看到的坪庭。背景围栏是御帘垣，石块是伊势立方石。庭院设计的主题是"大地的温柔"。

治愈内心深处的灯光和庭

即便是庭院中一盏微弱的灯光，也可以治愈我们的内心。和风庭院的照明一般使用灯笼，现代日式庭院则多使用花园灯光系统。随着 LED 灯的普及，也无须担心庭院灯光的电费了。

充满现代日式与度假村风格的庭院照明

夜晚庭院的灯光，让人不禁联想到现代日式与度假村的风格，瞬间兴致高涨。入园小路是大型花岗岩板，标志性树木为红羊齿草。

夜景优美的现代日式庭院大门

　　屋内漏出的灯光，透过门前的瓦制镂空方砖射出，满是温暖。一旁的树木为姬让叶。

夜间登场的坪庭

　　木板天顶上安装了LED照明灯，灯光由上方往下照射。标志性的光蜡树使用射灯打光。门墙由底部的地灯来给整面墙壁打光。

和风庭院的昼与夜，安详与治愈

　　使用不同效果的照明，令传统的和风庭院在夜间摇身一变成画廊的风格。仿佛飘浮在空中一般的大谷石板下安装了摇晃照明，用来表现水面的意境。六方石中间设置的灯光照明目标是红枫，灯光呈箭状一般从六方石内射出。

夜景优美的现代日式前庭

　　夜间的前庭在灯光下展现出了幻想的面孔。

灯光下的独特空间

使用竹垣作为遮蔽围栏的现代日式庭院。在夜间灯光的照射下，仿佛进入了与众不同的空间。石灯笼里透出的灯光令人倍感治愈。

夜晚是在家最久的时间，夜间美景怎能错过

灯光打造的幻想庭院

使用格子围栏的现代日式庭院。夜间的灯光照明，使得红叶犹如漂浮在夜空中。

光与流水的庭院

利用井水打造的流水庭院。在夜间灯光的照射下，呈现出与白天不一样的幻想般的氛围。

于夜间绽放的风水庭院

背山面水，风水极佳的庭院。夜间灯光照射在树木和灯笼上，呈现出幻想国度的气质。

夜间灯光下的潺潺水声

在和室前看到的庭院，灯光照明令庭院变得十分有情调。

夜间坪庭内壁泉奏响的治愈之声

现代日式庭院。壁泉流出的潺潺水声可以治愈内心。夜间灯光下的庭院也别一番情调。为了配合和风庭院，植被特意选择了四照花、石蒜、三裂树参、肾蕨、玉龙、木贼等栽种。

框中画一般的灯光

门柱旁是标志性的红叶。夜间开灯后，就能体会到不同于白天的情调。

夜晚迎接归人的温馨庭院

和风庭院的地面铺上了樱川沙砾石（日本茨城县樱川市开采的沙砾石）。沙砾石与草坪的曲线边界营造出了与白天不同的温馨的气息。

被灯光治愈的和风庭院

和风的空间再加上华丽的照明灯光，让整个庭院显得更加温馨治愈。和风墙壁上安装的照明就如同蜡烛明灭的火光一般。

从圆窗中漏出的"和之光"

从玄关看到的庭院景色好似一幅画。圆形的艺术墙令庭院内的植物更加突出。

水钵照明的庭院

整个庭院仅有2.5m宽。在这样有限的空间内，首先设置了看台部分，然后选择一些较为柔和且能够体现层次感的杂木种植。罗照水钵亮灯之后，就会呈现出与白天完全不同的景色。

美得震慑人心的夜景庭院

日欧融合风格的庭院，围栏选用的是金阁寺垣风格。夜间的灯光令整个庭院进入了幻想的国度。

现代日式庭院大门处闪耀的圆窗

与门柱并排一侧的涂装墙上设置了一处独创的圆形玻璃装饰。夜间，玄关屋顶以及玻璃方柱的照明灯就会照射到树木上，令大门处显得一派温馨。

装点和风入户大门的"门松"

装点和风入户大门时，常常会使用"门松"，也就是指庭院树木被种植在大门旁，就像是在看家一般。通常会选用松树或者罗汉松作为"门神"。常见的有"门松"或"门神罗汉"。

"门神松"的施工案例

配合瓦房顶的日式房屋，在门旁种植"门神松"。松树十分郁郁葱葱。

种植了松树的现代日式风格的入户大门。

"门神罗汉"的施工案例

有着数寄屋门的现代日式风格的入户大门。树木左起为松树、柊树、野村红叶。

现代日式风格的入户大门。左侧树木为松树，右侧为冬青、覆轮杨桐、香桃木等。

极具和风的入户大门

纯和风的入户大门往往给人以宁静、安详的印象，无论是居住的主人还是到访的客人，都能以一个轻松、舒适的姿态见到对方。可以说，纯和风的入户大门是这家主人品位与风格的最直接体现。

以台杉迎客的纯和风入户大门

穿过庄重的长屋门，踏着由诹访铁平石与花岗岩铺成的极具厚重感的小路来到庭院内的和风房屋前，首先映入眼帘的就是迎接来访者的具有200年历史的台杉。

创造、招待、欣赏的庭院空间

　　为了配合庄重的和风房屋，体现出"威严"的感觉，使用了有厚重感的花岗岩与诹访铁平石铺成的直线型入园小路。树木左起为罗汉松、台杉、枝垂樱等。

- **诹访铁平石**
  日本长野县诹访地区产出的铁平石。
- **樱花岗岩**
  樱花颜色的花岗岩。主要在中国产出。
- **野面堆砌**
  使用天然石头堆砌的造景手法。

与和风建筑相融合的枯山水入户大门

　　与庄重的和风建筑相融合，选择使用樱花岗岩进行野面堆砌，并在路的尽头用扇形收尾，体现其延展性。标志性的罗汉松脚下种植的是玉龙，然后使用白川沙砾石打造成枯山水的风格。

纯正的和风入户大门

数寄屋风格的正统纯和风入户大门。门屋的一侧种植了黑松。

- 数寄屋门
  入户大门的风格之一。使用数寄屋（使用茶室的建筑手法建造的茶室风格的建筑）的风格建造的大门。
- 光悦垣
  竹垣的一种。见于日本江户时代初期有识学者本阿光悦的菩提寺与京都的光悦寺内。又称光悦寺垣，或者由其形态称之卧牛垣。

数奇屋门与白墙打造的纯和风入户大门

配合房屋的外观特征，入户大门也使用了瓦片屋顶与白墙。同样风格的房屋、大门以及围墙给人以十分强烈的一体感。穿过数奇屋门，就能看到光悦垣风格的竹垣。

纯正的和风入户大门，令传统的日式房屋锦上添花

与和风房屋协调的纯和风入户大门

大门是庄重的数寄屋门，入园小路由铁平石与大矶沙砾石涂装而成。

石门柱点缀的纯和风入户大门

门柱由一个石块切割成两半后分别竖立在入门处的两旁，然后在石柱内凿设照明灯光。站在门前，就能看见如石桥一般的小路以及深处的灯笼。

适合和风房屋的庄重大门

通过大小不同的花岗岩打造出和风的感觉。大门使用透视性良好的铸造材料制作，有效减少了压迫感。门口左侧为锈化花岗岩。

与欧式建筑相适应的和风外墙

房屋所在地为景观保护区，周围的建筑多以和风的"漆喰"墙为主。因此，设计时融合了周边的"和"与房屋本身的"欧"。使用日式瓦砖容易给人生硬的感觉，但曲线型的外墙可以中和这种生硬感。保留"欧式"的气息，门柱与地面使用丹波打造，不仅能够营造平静、祥和的氛围，还与周围建筑物的风格保持了一致。

感受身边的四季，多彩的纯和风空间

房屋为现代数寄屋风格，建造的主要材料是天然杂木。庭院的设计让人能够感受无处不在的四季流淌。

现代日式庭院的入户大门

现代日式风格的入户大门很好地中和了现代住宅本身带有的冰冷与现代气息。现代日式风格最主要的特征是其设计常会使用方框、方柱、格子等流行元素。色调柔和的现代日式入户大门也不乏时尚的感觉。

现代日式风格的建筑正面景

现代日式风格的格子大门以及外墙打造的住宅正面景观极具现代流行元素。打开门就能看到迎接来访者的树木。

- 御滨沙砾石
  沙砾石的一种。日本三重县熊野滩出产。
- 大矶沙砾石
  沙砾石的一种。日本神奈川县大矶海岸出产的黑色沙砾石。
- 洗出
  地面施工的方法之一。在地面灰浆或者混凝土没有完全凝固前，用水冲刷表面，令其中的骨架部分（沙、沙砾石等）裸露在外。

方框与格子元素的大门及外墙打造的现代日式入户门

为了凸显日式风格的房屋，入户大门使用了含有方框与格子元素的大门与外墙。庭院利用杂木与石块营造出了山间树林的氛围。

方框与纵向格子的设计，既可作为遮挡屏障又不失现代日式风格

房屋为现代日式风格，木造的房屋令人感到格外温暖。门柱选用黑色调，入园小路使用独创的60°角的花岗岩板拼接铺砌，门旁一侧的区域使用御滨沙砾石与大矶沙砾石混合后进行地面洗出。栅栏与植物作为遮蔽物，特意营造出了若隐若现的感觉。

单色调的典雅现代日式入户大门

整体统一使用系列色调，用冷色调演绎出现代日式的感觉。树木为冬青。

无论是居家还是到访，让房屋的"第一印象"打动内心

现代日式风格的开放性房屋外观

现代日式风格房屋的外观一般主要使用方框以及格子的元素进行设计。设计时，若是对装饰物摆放角度把控到位，就可以很好地起到遮蔽的作用。该设计的优势在于保证植物栽种空间、感受季节变化的同时，又能够借助格子栅栏与植物达到遮挡的效果。铝制材质的冰冷感也因植物而变得柔和、温暖。

以斜线型为基调的现代日式开放型外墙

房屋前有宽20m、深6m的空地。为了有效利用该空间，使用方框的元素来连接门前空地与车库，保证房屋外围的平衡观感。玄关前种植了标志性的高树，并且特意地将门柱与入园小路的错开，令门柱前的视线与小路的行进路线不在同一中线上。此外，车库前的区域也顺应整个空间的风格倾向，使用60°倾斜的直线图案进行点缀。

宁静的现代日式风格中跃动的一抹绿色

与现代日式的房屋外观相契合，使用了开放型的遮挡围栏，增添了自然的气息。由于使用了格子元素进行设计，在一定程度上可以起到遮挡的作用。因此，没有改变围栏横梁的高度，而是采用了特殊的造型来体现层次感，配合房屋风格，大胆地将格子元素应用至设计中。

现代日式风格的遮挡屏障中延伸出巨大空间

配合现代日式风格的房屋，使用了格子元素的平板进行设计。相互交错的木制风格横梁与金属铝色的6m高柱子，起到了极佳的遮挡效果。配合遮挡板的格子元素，同样高度的车棚顶也使用了相同的色调的平板。格子元素的相互碰撞，激起了一阵跃动感。银灰色与深棕色的搭配十分适用于现代日式的风格。

使用格子元素作为遮蔽的现代日式入户大门

为了消除路面与院内的高低差，使用花岗岩搭建了一个大型花坛。玄关前设置了一个极具现代感且十分吸引眼球的格子栅栏。确保个人隐私的同时，尽量选择了形状较细长的类型。由于房屋本身较高，格子栅栏的高度也达到了2.9m左右。颜色配合玄关，选择了深柿子色。右侧格子栅栏内的植物为男莢蒾，玄关左侧为红山紫茎，正面花坛内的植物是四照花、羽团扇枫、杜鹃花、紫阳花、雪柳。

与房屋风格融合，现代感强烈的日式外观

树木的栽种保留了日式的气息，整体外观上则引入现代感强烈的设计。门前区域面积较大，容易给人喧宾夺主的感觉。因此，使用了外墙与格子栅栏来构建空间的层次感。树木左起为大柄冬青、冬青等。

千本格子栅栏打造充满气势的入户大门

与和风的房屋相搭配，在入院处设置千本格子栅栏，打造出充满气势的入户大门。直线延伸至庭院深处的入园小路令整个空间的层次感进一步加深。

有效利用大面积格子栅栏的现代日式外墙

非常抢眼的红叶与大面积的格子栅栏。现代日式的氛围是重点，因此设计时在素材的颜色与质感上较为慎重。无论从室外还是室内都可以观赏庭院的优美景色。

与房屋风格相契合的现代日式半开放外墙

为了营造层次感，选用了木材色调和质感的铝制框架进行搭建。整体的色调给人一种安心的感觉，而且还营造出了高级的氛围。

厚重感与现代日式风格并举的封闭外墙

配合房子的氛围，设计以厚重感与现代日式风格为基调。门柱与入户大门处大胆采用曲线设计，并配以木制格子栅栏，有效减少了大门的笨重感，增添了一份柔和与深邃。

与周围的建筑相融合，
是入户大门设计的关键

带有一丝日式风格的入户大门

选择了和风感浓厚的深柿子色基调的大门与围栏。入园小路旁与和室前的小植物也让整个空间弥漫了一丝和风的气息。

让人联想起京都町屋的现代日式入户大门

委托方提出了"想要京都下町风格的茶庭"的要求，针对这个要求，设计玄关前的入园小路时使用了白御影方形石板（四边形）来拼砌，以此打造出高贵、典雅的现代日式气息。

料亭般的现代日式入户大门

临街一侧留出了种植空间种植常绿树木台杉，低矮灌丛则选择了柊南天、一叶兰、石蕗、金边阔叶山麦冬等极具现代日式感觉的植物，好像是料亭（一种日本的价格高昂、地点隐秘的餐厅）的坪庭一般。

与周围街道协调的现代日式外观

为了让这栋文雅的和风住宅与周围的街道保持接近的风格，特意设计了专门的门柱。门柱经过锻造加工，然后底部使用巾木堆砌，最后再搭配上铁线莲。厚重且极自然的气息扑面而来。石块是志贺石。

与房屋风格相融的现代日式外观

与和风房屋相融合，入园小路选择了黑色的石英岩铺砌。由于房屋临街，为了安全着想，用竖灯与草坪代替外墙。草坪内种植有黑竹，底部用石头与混凝土围起来，防止根须攀爬至路面。

尽享落日美景的现代日式入户大门

房屋临街，为了确保私密性，在玄关正面建了一幅方柱栅栏作遮挡。栅栏的间隙有效地降低了遮挡墙带来的压迫感。涂装之后的门柱既可以作为遮挡，也可以作装饰。标志性的植物是白橡树。夜间，栅栏、门柱以及坪庭的亮起的灯光，像是在等待归人。

富有层次感，注重"和理念"的封闭式外墙

圆形的空窗体现和风。门墙与围栏使用了同样的仿木材料。稍高的门墙与围栏令整个空间的设计处于一种绝妙的平衡之中。门旁种植了"门松"，厚重感一览无遗。

现代日式的外墙以及令人印象深刻的圆形窗户

现代日式风格的入户大门，大门为数奇屋门。为了让大门显得气派，两侧均使用了仿木制的板材，并在底部配以低矮植被。数奇屋门左侧的围墙上有红叶图案的圆形玻璃窗户，是不断延续的外墙的点睛之笔。

洋溢着和风情趣的圆窗与外墙

风格统一且洋溢着和风情趣的房屋外墙。树木左起为金桂花、山红叶、冬青等。

独特造型的圆形窗户与外墙

和室前的简约色调门墙上是原创的圆形玻璃窗。从和室也可以观赏到圆窗。大门处仅色调较为浓重的大门与玻璃窗户，简约而大气。

低维护成本的现代日式外墙

与和风的房屋搭配，门墙与外墙选择了相近的颜色，并且设计了装饰圆窗。植物与仿木制的铝柱用作遮挡。地面使用天然石头铺砌，维护起来十分简单。

与住宅风格相融合的现代日式外墙

门墙上设计了装饰用的圆窗，再搭配上仿竹制的栅栏，呈现出了和风的气派。门墙板材与栅栏均使用了铝-树脂材料，经久不坏。树木左起为小羽团扇枫、野村红叶等。

简单又不失情调的现代日式外墙

门柱使用了较深的棕色，以此彰显祥和、稳重的现代日式氛围。由棱角圆润的石板铺砌出来的圆弧给整个外墙增添了一份柔和。

与周围景色融为一体的现代日式外墙

被绿色所围绕的和风房屋，外墙也尽量设计成融入四周自然景色的样式。路边种植了低矮植被，令房屋与外墙融为一体。

简约干练的现代日式外墙

淡红豆色的左官壁令外墙整体呈现出祥和的气氛。玄关大门与装饰柱子都选用了硬木（像铁一样坚硬的新型木材）来制作，简约且干练。

极具厚重感的现代日式封闭式外墙

　　房屋外观极具厚重感，而且入口距玄关约有11m的距离。为了保证整个庭院的一体感，特意使用花岗岩作为主要材料来搭建外墙。花岗岩的外墙给庭院增添了一份鲜活的色彩。由于担心和风的印象过于强烈，所以大门以及外墙表面铺上了瓷砖。

与房屋相融合的现代日式外观

　　庭院使用了以浓茶颜色为基调的木纹纵式格子栅栏，再辅以金属材质的物件（围栏、正面大门、车库大门等）。门柱选择了简单的直线型设计，再喷涂成米色。既不会显得过于厚重，又能给人以温馨宁静的感觉。

和风入户大门独有的清净

　　正对玄关的入口处设置有使用哑光瓷砖铺砌的门柱。入园小路则是用丹波石拼接铺砌而成。花坛围栏用的是当地出产的木曾石（美浓石）。花坛的存在令庭院多了一抹自然的气息，使房屋与庭院实现了风格上的相互融合。

与现代日式房屋相融合的封闭式外墙

　　遮挡门墙与房屋大门处于同一直线上，使得整体呈现出简约的风格。植物统一种植了黑竹与较为低矮的细竹。简约的现代日式风格中隐约透露出端庄的气息。

以白色为基调的和风外墙

　　与白色调的房屋十分契合的外墙设计。花坛外围使用和良石堆砌（图中左下部分）。左边的树木为北山杉，地被选用了玉龙，以此来营造和风的气息。右边花坛的植被左起为北山杉、沈丁花、多福南天等。

> • 和良石
> 日本岐阜县郡上市和良町产出的庭石。表面多为灰色，部分稍微带一些茶色。

融入自然景色的现代日式外墙

　　使用无规则形状的白花岗岩来搭建花坛外围，保证主墙与外墙在高度上的契合。门柱以及遮挡门墙也使用白色花岗岩搭建，使得整个庭院极具统一感。

高档风格的现代日式外观

　　使用间距适度的纵向格子栅栏作为遮挡。门墙与入园小路使用天然石块，打造精致的现代日式外观。树木左起为四照花、枸骨叶冬青。低矮树木左起为钝叶杜鹃、多福南天、细叶柊南天等。

玄关前的现代日式坪庭

　　设计时，特意将蹲踞列入了入园小路的重点景观之一。门柱使用天然的大割石进行大胆加工，再加上独创调配的三和土，打造别样风情。入园小路使用石板与那智石铺成条纹的形状。

- 大割石
  使用三叉戟切割出的天然石。

石头门柱、艺术栅栏、涂装门墙构成的现代日式外墙

　　石头门柱、艺术栅栏以及涂装门墙构成了一个私密性极好的空间。艺术栅栏使用了立体感强烈的纵线型设计。颜色则选择了流行的深棕色。树木左起为山红叶、红花荷、冬青、姬沙罗等。

与纯和风房屋相融的现代日式外墙

　　左侧是锈化花岗岩搭建的道桥，右侧贴的是方形锈化花岗岩板。入园小路也全部使用锈化花岗岩铺砌。

与房屋协调的活力型现代日式外墙

房屋前的道路车流量较大，因此设计成了封闭式外墙，并且使用的石材无须繁琐保养。入户大门的整个基调与房屋保持一致，给人以活力感，却又不失稳重。

简约而高品质的现代日式外观

门柱选用了与外墙同样颜色的石块搭建，然后在一侧使用铝制的方柱来搭配。入园小路选择了雅致的天然石铺成，设计充满曲线美，且与植被完美融合。

以和风元素为中心，又能融入四周现代风格街道的外墙

大量使用庭石营造和风氛围。石块与瓷砖都选择了既有和风元素，又不会给人沉重感的类型。

宁静、祥和的现代日式外墙

东南方向的位置是开放型的停车位，西南方向的位置是可以在客厅与和室看到的和风庭院。树木左起分别为吊钟花、山茶、红豆杉、红叶等。

石头与杂木的杰作

花坛采用侧面堆砌法，使用小松石与新丹波石搭建。入园小路则使用新丹波石拼接铺成。整个庭院飘荡着一股与众不同的风情。杂木左起分别为短梗冬青、腺齿越橘、大柄冬青、红叶等。

- **新丹波石**
  丹波石风格的铁平石。

三重竹垣迎客的现代日式外墙

　　门前道路与玄关之间竖立着三重竹垣，且相互之间层层交叠，营造出了完美的层次感。配合瓷砖铺成的入园小路，高档的气息瞬间扑面而来。三重竹垣与红叶交相辉映，美不胜收。

与和风平房相融的现代日式外墙

　　与和风平房的风格保持一致，庭院选择使用方块、天然形状、平板等多种形状的花岗岩来打造，色调也采用了柔和、令人感受到宁静的色系。道路与庭院之间设置了金阁寺垣风格的竹垣。

竹垣与柴扉迎客的现代日式入户大门

　　和风的入户大门。推开入园小路的柴扉，就可以看到建仁寺垣围起来的庭院。

自带坪庭的现代日式入户大门

　　将玄关前的入园小路稍微垫高，再使用石板铺出台阶，然后在它一侧建造一个小前庭。玄关前的前庭面积虽小，却也能从造景与植被中品味不同的风情。

以竹垣作划分的现代日式外墙

　　传统工艺与现代气息相融合的现代日式风格外墙。入口是摆放有蹲踞的坪庭，通过四目垣划分区域。

石制门柱点缀的现代日式外墙

独创设计的白花岗岩门柱、石墙以及石英岩瓷砖铺成的地面围绕着门前绿色的植物，简约而清新。杂木左起为常绿四照花、青栅、山胡椒等。

自然风格的和风入户大门

玄关前的门墙安装了信箱，既实用又充满艺术感。整体实用较为朴素的色调。左边树木为四照花，右边是娑罗树。

与房屋风格相统一的现代日式外墙

通过压缩门墙的面积来减轻玄关处的压迫感。花坛处的围墙采用与房屋外墙一样的黑色喷涂。台阶处与入园小路使用不同色调的铁平石相互组合，营造出极具自然气息的氛围。

与现代住宅风格统一的现代日式庭院入户大门

增加涂装门柱部分的高度，可以有效地起到遮挡的效果。单色系的瓷砖极具现代日式的风格。入园小路选用了色泽斑点较少的天然乱形铁平石铺砌，给人一种十分宁静祥和的感觉。

人性化的现代日式入户大门

门墙竖立在客厅的正前方，带来了一定的立体感。房屋正对着的道路存在斜面，于是设计时大胆地采用了斜线型，并且考虑到未来，加入了方便轮椅进出的斜坡。树木左起为四照花、茱萸、冬青等。

　　无论是和风庭院还是欧式庭院，都会经常使用涂壁装饰。涂装墙壁粉刷完成的一段时间确实效果不错，但是时间久了就会有污垢附着，多次清洗也很难去除干净。虽然变旧变脏的墙壁可以当成是岁月的痕迹，但如果的确很在意墙上的污垢，可以选择进行重新粉刷。

施工前

施工后

墙壁翻新后。

墙壁翻新使用的着色镀膜"生态美墙"不仅适合粉刷老旧墙壁，还能在粉刷同时预防污垢附着在墙面。使用时，一般将金色和珍珠白色与SK可选彩色涂料（液体颜料，全75色）混合。

亲水性镀膜

雨水

污垢

室外的污垢多为含油性成分。

"生态美墙"的"亲水性镀膜"能够使雨水进入污垢与墙面之间。

污垢干后会脱落。

使用纳米等级的极微小粒子"乳胶树脂"，防止污垢附着。

涂壁翻新

施工前

清扫需要翻新的墙面。

施工后

刷上"生态美墙"。

施工前

翻新前（左）与翻新后（右）

施工后

令人流连的和风入园小路

入园小路连接大门与玄关，起着引导访客的作用。和风庭院的入园小路一般为石块铺成。入园小路是每天必经的道路，便于行走才是设计的重点所在。纯和风庭院的入园小路与简约的现代日式庭院的入园小路，风格各不相同。

宁静祥和的纯和风庭院

由不规则形状的丹波石铺成的入园小路，两侧挡土墙与路边缘使用了当地产出的木曾石，并且采用了侧面堆砌的方法排布，与房屋风格相呼应。树木左起为加拿大唐棣、紫薇花、红叶、厚皮香等。

与房屋相协调的和风入园小路

从车库延续至玄关处的飞石。野村红叶的张扬红色与其他植物搭配得恰到好处。左侧树木为细叶柊南天，右侧为野村红叶。植物的新叶呈红色，夏季时变绿，秋季又变回红色。

极具厚重感的现代日式入园小路

入园小路由天然的不规则石块铺成。台阶处选择了十分具有厚重感的天然石板铺成，大门上方搭建了屋顶，即使雨天来访也不必担心，屋顶处还安装了门灯，作为夜间归家时的照明。

杂木庭院的入园小路

延伸至北面杂木庭院的入园小路，无规则排列的石板更增添一份景致。

与房屋协调，极具现代气息的和风入园小路

大面积庭院内的长距离入园小路。不规则爪哇铁平石铺成的小路与两侧的植被，令庭院增色不少。

现代日式风格，充满款待之心的入园小路

入园小路特地选用了颜色不同、形状不一的天然铁平石铺砌，营造出了一种宁静、祥和的氛围。庭院内还摆放了水钵，种了许多和风植物。整个庭院优雅、娴静，静候访客到来。

美丽、整齐的石头小路，
邀请您前往路尽头的人家

各种石块交织而成的入园小路

入园小路的基础路面由无规则形状的木曾石铺成，加入直线型状的铁平石点缀。

星星点点风格的入园小路

使用日本根府川的造景石建造庭院的主要框架，再用铁平石铺成小路。入园小路的枕木与铁平石分散铺在庭院内。

和风＋现代简约日式的入园小路

大门处摆放了十分显眼的玻璃门柱，淡淡的微光会成为夜间归家路的指引。入园小路的灯光与地面灯光相互映衬，营造出了时尚、高级的氛围。

让人忍不住想要进入庭院的小路

从玄关内看到的入园小路，仿佛在不停地召唤人们进入庭院。小路铺石采用了杉织的方式铺砌。

简约时尚的现代日式入园小路

立方石与边长30cm小方形铺成的入园小路。每一种石砖都有各自的特征，颜色也各不相同，但却惊奇地营造出了统一又不失个性的风格。遮蔽板使用了仿木质颜色，与大门颜色风格相融合，给人一种宁静的感觉。

现代日式风格的入口

大型台阶令庭院入口给人一种强势的魄力。现代日式风格的入园小路让人忍不住期待去往停车库路边的风景。树木左起为光蜡树、野茉莉。

小路连接着两代人居住的日式房屋

连接两栋和风房屋的小路使用了防腐木来铺成。雨后的路面干净明亮。小路两侧铺满了栗石，营造出小路浮在水面上的感觉。高大的山红叶也令庭院充满日式旅馆的气息。

枯山水入园小路

由白川沙砾石与景石以及杉苔建造的现代简约日式枯山水入园小路。小路一侧摆放了灯台作照明。

从杂木林中穿过的入园小路

被杂木林环绕的入园小路。庭院地面较高于大门处，配合树木的高低错落，不仅加深了层次感，也有很好的遮挡作用。

深山幽径一般的入园小路

门前石板铺砌的阶梯彰显着整个庭院的品格。左侧是近方形的空间，右侧则略带曲线型。左手边前方树木分别是刺叶桂樱、加拿大唐棣、红叶等，右手边前方分别是长柄双花木、常绿四照花、青栌等。

与房屋风格相融合的和风入园小路

为了与房屋风格保持一致，选择了不规则形状的平板石来铺砌入园小路。周围再铺上白色的沙砾石来体现枯山水的氛围。

极具厚重感的和风入园小路

与庄重的房屋同样，选择了极具厚重感的诹访铁平石与花岗岩铺砌入园小路。

与和风房屋相融合的入园小路

穿过数寄屋门，就能看到大矶沙砾石铺成的入园小路。小路与园路均设计成方便行动不便人士行走的样式。

石块铺砌的纯和风入园小路

长长的石路与和风房屋十分相衬。樱御影石侧面堆砌以及扇形图案都为庭院增色不少。

宁静的纯和风入园小路

由粘板岩与白川沙砾石铺成的入园小路。为了营造玄关处的幽深感，入园小路特意选用了曲折式的铺砌路线。排水口的位置也融进了设计当中。树木为细叶柊南天。

凸显房屋风格的纯和风入园小路

为了体现原本的和风房屋，特意设计了数寄屋门，再加上无规则青石的平铺、御影石的石块以及水泥的洗出地面，所有设计交织成了极具和风气息的典雅入园小路。

和风庭院的施工步骤

和风庭院由蹲踞、石块、步石、竹垣、灯笼、植被等构成。石头的铺砌方法与植被的选择都有一套较为成熟的方法。这一部分通过实际的案例介绍一下建造和风庭院的简易步骤。

施工后

有效利用原有的石块翻新成现代日式风格的外墙

翻新前是随处可见的和风外墙。通过有效利用原有的筑波石来改建成简约大方的现代日式风格外墙。首先进行拆除，移开原有的筑波石。翻新后，筑波石将移至外墙正面，可以直接观赏。接着，在入户大门一侧建造壁涂侧墙。两幅侧墙可以起到很好的遮挡作用。

• 门袖（侧墙）
  代替门墙，在门前建造的侧墙。

施工步骤

施工前

❶改造前是随处可见的和风外墙。

❷首先进行拆除作业，移开原有的筑波石。

❸选择摆放在台阶旁的石头，确定大致的摆放位置。

❹固定体积稍大的石头，再穿插搭配体积较小的石头。

❺选择合适的门前造景石，在造景石的位置进行挖掘。

❻摆放选好的造景石。

❼用绳子捆绑石头辅助移动。

❽一块主石头与两块搭配石头构成了门前的主题意境"夫妻石"。

❾将剩下的其他石头挖出并摆放整齐。

❿L型的花坛与台阶的形状已初现雏形。

⓫完成地面工序，将石块没入地下的部分空隙填满，平整地面。

⓬为了保证石块高度，再增加一些石头加固。

⓭极具气势的筑波石花坛建造完成。

⓮作业交接到装修队伍，进行大门与地面的施工与打磨。

完成！翻新成简约大方的现代日式入户大门。

在狭窄的空间内打造小桥流水般的庭院。院内移植树木为桧木、青栲、细叶冬青、西洋石楠、马醉木、斑纹常绿树。地被（草皮）选择吉祥草、圣诞玫瑰、草兰、叶兰、紫金牛等。

有效利用已有物件打造小桥流水的和风庭院

进行改建的花园空间十分狭窄，仅有约46平方米，因此重型设备无法进入，改建作业要全部依靠手工完成。此外，体积较大的石头与树木也搬不出来，所以在设计改建方案时，要更加注重如何有效利用原有的造景石头和树木。

施工步骤

❶改建前庭院内已有池子，但荒芜已久。首先要对已有树木进行养护。开始施工时，现场根本无法直接使用机械设备。

❷开一个施工用的出入口，方便进出作业。

❸推整地形，设置木制防护栏，搭建庭院的雏形。

❹进行池子周边挡土墙的建造作业。

❺确保流水渠通顺后再用鹅卵石填满空隙，让池子初步成型。有效利用已有的石头，在造渠时派上用场。

❻安装循环泵，并在水源处埋入一个"深壶"作为出水口。

❼从室内看到的建造好的庭院景色。

❽进行地被（草皮）的配植（按照合适的比例搭配树木与花草），庭院改建完成。

❾在施工入口处，用防腐硬木（像铁一样坚硬的木材）重新打造一个门口，就完成了。

尽可能地有效循环利用已有物件

　　进行改建时，循环利用已有物件可以减少拆除费以及施工废弃物处理费，降低改建工程的成本费用。承载着宝贵回忆的树木可以在适当的时期移植入新的庭院。此外，处理庭院石头需要收取一定的费用，因此建议就地取材，对已有石头进行改造、循环使用。

把拥有150年历史的仓库木门清洁干净，用砂纸打磨、重新涂上着色剂后，可以用来制作木制栅栏，而且也能够完美融入新制作的室外露台（图片中央）。

对庭院石头进行循环使用。

移植满载回忆的树木。

将传统和庭改造成可感受四季变迁的和风庭院

房屋的位置较低于路面，因此每逢雨天，房屋周围便会积水。为了解决这个问题，在庭院内设计了一个人工堆砌护坡，中心部分种植松树，护坡前摆放花岗岩制的水钵。护坡中种植玉龙（或麦冬）保持水土，再种植上皋月杜鹃，以体现四季风情。入园小路使用丹波石散铺而成。

施工后

施工前

改造前从玄关处看到的景色。

改造后是能够感受到四季变迁的和风庭院。入园小路使用丹波石铺成。树木左起为黑松、罗汉松、红枫、冬青等。

施工步骤

施工前

❶ 房屋位置低于路面，路面也较窄，借助起吊机暂时将树木按照既定的位置初步种植。

❷ 按照既定位置完成树木初步种植。由原来石块分割出来的石头也分别堆放在庭院两处。

❸ 开始建造门柱与入园小路。

❹ 种植植物。

❺ 将原来的松树与山茶进行初步种植。

❻ 按照既定位置完成所有植物的初步种植。

施工后

改造成自然风的和风庭院

庭院位于和室前方，考虑到现代风格的房屋与大自然的相互融合。尽量采用了较为柔和的设计。蹲踞周围埋藏了水管和供水箱，供水箱正上方的就是蹲踞。除了原有的植被之外，还移栽了枝垂樱花、冬青、青栅、紫薇花、四照花、光蜡树等适合和风庭院的树木。

平面图

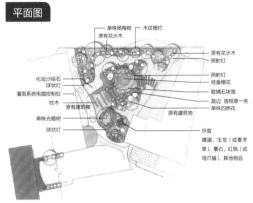

施工步骤

施工前

❶改造前的状态。

❷移植原有的树木（两棵茱萸）。

❸整理地面。清理土中的碎石，制作土堆护坡。

❹摆放石头。石头堆砌尽量自然、不刻意。

❺枕木台阶使用丹波石铺成，和风材料与欧式材料的使用达到完美的平衡。

完成！

活用已有的树木与庭石
打造新的和风庭院

通过修整草类植被，将原本略显杂乱无章的庭院打造成更加简洁、整齐的和风庭院。将原有的树木与庭石尽量有效利用起来。

施工后

植物名称

冬青　罗汉松　铁冬青　梅花　砂苔

和风庭院的全景。庭院内有种植了树木与青苔的和风式蹲踞。灯笼为织部灯笼（图中右侧）。

施工步骤

施工前

❶ 施工前的状态。

❷ 驶入起吊车开始施工作业。

❸ 摆放原有的庭石。

❹ 设计、摆放蹲踞以及役石。

❺ 庭院雏形初现。

❻ 种植上地被，就大功告成了。

施工后

翻新后的庭院全景。重点在蹲踞。灯笼为织部灯笼，人造竹垣是建仁寺垣。树木左起分别为枳壳、冬红山茶、线芒草、青枝垂红叶等。

将荒芜的庭院翻新成纯和风庭院

将40年前建造的和风庭院重新翻修。庭院内的黑松枯萎了，于是屋主决定进行翻修。翻新时，在尽量保证原本的庭院设计基础上，又加入了现代风格的设计。

- **织部灯笼**
  灯笼的一种。四角形的地灯笼。据说由茶人古田织部发明制作。
- **建仁寺垣**
  竹垣的一种。日本京都建仁寺制作，常用作遮挡围栏。
- **真沙土铺装材料**
  以真沙土为主要成分的铺装材料，浇水立即凝固。可防杂草，保护土壤。
- **那智石**
  庭石的一种。日本和歌山县那智地区以及三重县熊野市神川町出产的黑色圆形小石。

施工步骤

施工前

❶翻新前的庭院，原本的黑松已经枯萎了。

❷砍伐树木，清理植物。庭院原本的形状已经初步可见。

❸建立围栏，使用人造竹垣来遮挡网状围栏。

❹施工进行中。为了防止杂草，使用了真沙土铺装材料，过滤之后剩余的土壤还可用来堆砌护坡、降低材料成本。庭院就快改造完成了。

❺使用真沙土铺装材料进行铺装。不仅可以防止杂草，也十分合适和风庭院。

❻安置那智石，流水处用混凝土打基底，表层使用那智石铺砌。

和风庭院的乐趣所在

　　最能够令日本人身心放松的一定是和风庭院。石头、沙砾、竹垣、蹲踞等交织而成的空间，正是洋溢着平和与静谧的庭院。以日本京都寺庙庭院为代表的传统日本庭院在庭院石块以及竹垣的设置与摆放方面，都有极其严格的规矩。这里介绍和风庭院的观赏方法。

从客厅看到的石头庭院的景色。院内小路蜿蜒，十分具有和风意境。白色的伊势沙砾石体现的是"海"，其中的石头则寓意"鸟"。

枯山水庭院

　　所谓的"枯山水"，是指不使用流水，仅使用石头以及沙砾等表现水流的庭院形式。一般会使用大体积的木曾石或是堆砌的石山表示陆地，使用白色的伊势沙砾石来代表海洋或是水流。

庭院周围是银阁寺垣风格的原创竹垣。白天，庭院十分幽寂，稍微斜放的六方石寓意"流水"。

茶室一旁的坪庭。白色化妆沙砾石与黑色那智石交织出的优美空间。延段使用了较短的花岗岩板，深处摆放了道标灯笼。着实是令人身心放松的坪庭。

夜间亮灯之后，树影与竹垣相互交织，呈现出梦幻般的氛围。

蹲踞，茶庭必备的摆设，仅仅只是远观，内心也会不可思议地平静下来。前方有凹处的石头是手水钵，水流出的管叫作引水筒。

长长的小路一直蜿蜒到车库前。园路由大矾石铺成，洗出纹路，边缘使用铁平石装饰，两旁草地郁郁葱葱。

有蹲踞的庭院

　　蹲踞是茶庭中以手水钵为中心用于洁净双手的一处空间。手水钵是盛满清水用作清洁的器皿，也称作水钵，是和风庭院不可或缺的一部分。此外，该庭院有非常大的水池，可以从客厅直接观赏到池子与更深处的石山。

从客厅看到的大门景色，十分风趣雅致。

图为池子周围的石块景色。左手边是流水瀑布，与织部灯笼和树木相辉映。

夜晚亮灯之后，呈现出与白天截然不同的风情。透过瀑布水帘看到的景色，美得仿佛非人间所有。

白天，壮观的瀑布下方有许多鲤鱼在池中畅游。

有流水的庭院

　　正宗的和风庭院。庭院的瀑布给人留下深刻印象。白天可以欣赏池里的鲤鱼；夜间又能够沉醉在梦幻般的景色中。透过瀑布水帘看到的景色，仿佛非人间所有。

亮灯之后的全景。树下的灯光令整个庭院如梦似幻。

和风庭院的添景物

和风庭院一般由树木、低矮灌丛、引水筒、手水钵、竹垣、灯笼、石头、沙砾等构成。其中，竹垣、灯笼、手水钵等小型的物件作为增添庭院风情与情趣的道具，也被称作添景物。

以蹲踞为中心，使用竹垣作围栏的典型和风庭院。

树木可以大致分为常绿树与落叶树两种，重点是如何将这两种类型的树木进行搭配。低矮灌丛是地面部分植物的总称，其中一部分是低矮的灌木类或是细竹类，此外还有青苔一类。

手水钵也称作水钵，是用来盛放清洁双手与口中清水的容器的总称，茶庭与一般庭院都会使用。蹲踞并非指手水钵，而是指包含手水钵在内及其周围的物件的空间总称。

和风庭院的添景物

树木

引水筒

手水钵

低矮灌丛

竹垣
灯笼

沙砾石

石块

竹垣也是和风庭院不可或缺的元素之一，其主要作用是用作遮挡。制作材料一般是竹子，但最近也常用铝–塑料或者人造竹来制作。这些新材料的优点是不易腐化。

灯笼几乎都是石制灯笼。石灯笼原本只是神社、寺庙用作照明的物件，如今已经被当作和风庭院的添景物来使用了。

传统的日本庭园会使用石头作飞石或者汀步，而现代的日式庭院使用石头的方式更为多样化，使用石头铺地铺路，或是利用石块造景等。沙砾石通常用作地面铺装。

灯笼

和风庭院使用的大部分是石制灯笼，如今，也出现了许多与传统灯笼不同、形状各异的原创灯笼。灯笼原本会使用底座（又称作基础、土台）固定，但一些入地灯笼（生入灯笼）、带脚灯笼（脚付灯笼）、点灯灯笼（置灯笼）等类型会将底座埋入地下。此外，也有一些直接摆放于台面上的灯笼。这些灯笼都十分适合小型的和风庭院。

织部灯笼

作为日本桃山时代（一般认为是1568~1600年之间）出现的代表性灯笼，据说是由茶人古田织部所制作。织部灯笼是四角形的入地灯笼，其最明显的特征是灯柱上部分会有些许隆起。

现代和风庭院内，左右两侧分别摆放了织部灯笼。树木左起为山茶、罗汉松、茶梅、沈丁花等。

正宗的纯和风庭院。蹲踞处摆放了织部灯笼。

狭长形的现代日式庭院内摆放的织部灯笼，仿佛料亭的坪庭。植物左起为西洋牡荆树、富贵草、马醉木、红枝垂红叶等。

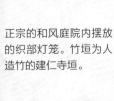

正宗的和风庭院内摆放的织部灯笼。竹垣为人造竹的建仁寺垣。

雪见灯笼

顾名思义，用作赏雪的灯笼，一般放置在池畔等位置。雪见灯笼是低矮型的带脚灯笼，底座埋入地下，灯柱变为灯脚。一般常见为圆柱状，但也不乏四角形、六角形、八角形的雪见灯笼。

枯山水纯和风庭院中的雪见灯笼（图中左侧），摆放在枯山水池畔。

入园小路左手边的纯和风庭院内摆放着两个雪见灯笼。

摆放在纯和风庭院的枯山水池畔的雪见灯笼。

和风庭院角落里摆放的雪见灯笼。

道标灯笼

　　道标是指古代竖立在分叉路口处指示方向的石制路标。模仿其外形而制作的灯笼就是道标灯笼。据考证，最初是利用废弃的道标作为灯笼使用。现代由于很难找到废弃的道标，因此现代的道标灯笼多为原创设计。

正宗的纯和风庭院的园路旁摆放的道标灯笼（图中左侧前方）。远处为雪见灯笼（图中右侧远处）。

建仁寺垣风格的原创竹垣前摆放的道标灯笼，作为玄关处的照明使用。

以蹲踞为中心的坪庭中摆放的道标灯笼。手水钵前方为那智黑沙砾石，右侧为三和土的圆滚石。

岬形灯笼

　　岬形灯笼为低矮型的圆形点灯灯笼。以海岸堤坝上的灯台为原型设计的灯笼。一般没有底座，可以放在石块上。

现代日式庭院中心景点的岬形灯笼，再搭配以伊势沙砾石、圆滚石、玉龙等。

现代日式庭院内园路交汇处摆放的岬形灯笼。背景为低矮的石板，一旁是由石块搭建而成的花坛，使得整个庭院的造景处于完美的平衡当中。树木左起为龙柏、红叶、山茶、珊瑚树、黄心树，后方的树木为雪冠杉、樱花等。

石灯笼各个构成部分的名称

宝珠

灯帽

火袋

中台

灯柱

底座

现代日式庭院内摆放的春日灯笼。右边为圆形玻璃窗。树木为罗汉松与柊木。

春日灯笼

　　日本奈良县春日大社内常见的六角形石灯笼。基本的形状由底座、灯柱、中台、火袋、灯帽、宝珠六个部分构成。其特征是会在火袋处雕刻鹿的浮雕。春日灯笼是寺院灯笼的代表之一。

纯和风庭院内摆放的春日灯笼。

模仿坪庭内的织部灯笼而设计的灯笼。

信乐烧灯笼，与以往的日式灯笼截然不同，极具现代风格的灯笼。

模仿四角形灯笼设计的原创入地灯笼。

原创灯笼

　　以传统的灯笼为基础而进行再设计的具有现代风格的灯笼，使用材料也多为进口的石材。

小型的原创灯笼。

各式灯笼，交织成雅致风流。

正宗的纯和风庭院内摆放的岬形灯笼（图中左侧）与织部灯笼（图中央）。

正宗的纯和风庭院内摆放的雪见灯笼（图中左侧）与织部灯笼（图中右侧）。

枯山水的纯和风庭院内摆放的仿春日灯笼风格的原创灯笼（图中央）与岬形灯笼（图中右侧）。

摆放了两个原创灯笼的和风庭院。

蹲踞

蹲踞是指茶庭中使用手水钵处的空间。该空间包含了手水钵，以及手水钵周围摆放的石块、蓄水池、植被等。手水钵有金属制的，也有陶瓷与木制，但大部分都为石制。蹲踞一般由手烛石、汤桶石、前石、滴水石（水挂石）组成，这些具有特定作用或功能的石头称为役石。手水钵种类繁多，大致可分为天然石手水钵、仿建物手水钵（见立物手水钵）、原创手水钵几种类型。天然石手水钵是依照天然石块的形状而制作的手水钵；仿建物手水钵是利用古石塔废弃部分或是石制品打造而成；原创手水钵则从一开始就进行独立设计制作而成。

正宗的纯和风坪庭内的蹲踞。灯笼为织部灯笼，树木左起为红枫、冬青、姬沙罗等。

庭院一角摆放了模仿银阁寺濑藓水石群风格的蹲踞。蹲踞前方为石英岩铺成的露台。树木为冬青，低矮灌丛有马醉木、富贵草、金边阔叶山麦冬等。

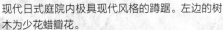

园路一侧摆放了蹲踞，体现日式的风格。树木为马醉木、山红叶等。灯笼为织部灯笼。

现代日式庭院内极具现代风格的蹲踞。左边的树木为少花蜡瓣花。

纯和风庭院内的蹲踞。手水钵为菊花形状。树木
左起为吊钟花、锦绣杜鹃、丹桂等。

典型的和风庭院蹲踞。天然石为甲州鞍马石。

摆放在现代日式庭院内一隅的蹲踞。在静寂的空
间聆听潺潺流水。

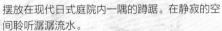

使用了甲州鞍马石水钵的蹲踞。冬青下还种植了马醉木、白
芨、猪牙花、富贵草等。

引水筒与水钵均为原创手工制作。虽是和风庭院，却也不失
现代气息。

现代风格的蹲踞。添加了瓦片与化妆沙砾石，再以沈丁花、石蕗、玉龙等植物点缀。

使用了菊花形状手水钵的蹲踞，因形似菊花而被称作菊形钵。

青枝垂红叶，令整个蹲踞更显静谧悠远。

现代日式风格的蹲踞。墙上圆孔处是不锈钢制的引水筒。大小不同的化妆沙砾石寓意着潺潺流水。

蹲踞内摆放了陶瓷制的圆形手水钵。水中的照明系统会让这个空间在夜晚时分呈现出不同的景色。

蹲踞内设置陶瓷圆形手水钵，水中设置照明系统。

仓库前纯和风庭院的蹲踞，背景是罗汉松。

入园小路一侧的蹲踞。水钵使用了较高品质的鞍马石，引水筒为使用了不锈钢材料的特殊定制品。

纯和风庭院的蹲踞。树木左起为红叶、山茶、南天、冬青等。

蹲踞的构成

手水钵
手烛石
前石
飞石
汤桶石
海

- **海**
  蹲踞内用作排水的空间。也称作"流"。
- **手水钵**
  用作盛净手水的容器。一般称为水钵。
- **手烛石**
  蹲踞的役石之一。一般放置在手水钵的左右其中一侧，石头顶部平坦，一般用作夜间举行茶会时摆放灯烛。
- **飞石**
  无规则摆放的步石，是铺路石的一种。
- **前石**
  蹲踞的役石之一。一般放置在手水钵的前方。访客会在前石处净手。
- **汤桶石**
  蹲踞的役石之一。一般放置在手水钵的左右其中一侧，石头顶部平坦，一般用作冬季举行茶会时摆放热水桶。

蹲踞的施工步骤

❶设计蹲踞与池子的整体印象。

❷一边注意石块的整体平衡一边摆放。

❸为了营造出天然的感觉，注意处理好石块之间的间隙。

❹在中央摆放役石，制作"流"。

❺完成大致的框架。

❻最后移栽植物。

竹垣

和风庭院必备的竹垣大致可分为遮蔽垣与通透垣两类。天然竹子本身的颜色与质感十分符合日本人的审美与喜好，不过近来，耐用抗腐的铝制或者塑料制等人造竹垣也越来越受欢迎。竹垣的名称常常来源于其外形或是寺院、人名、地名等。

寺院藤蔓棚下的四目垣。

四目垣

通透垣的一种。竹垣的立竿为圆柱状，再使用横竿加以固定，竿之间的间隙呈四方形。一般使用细长的青竹搭建，再使用棕榈绳捆绑固定。是最简单方便的竹垣之一，多见于茶庭露地或是用作一般庭院的区域划分。

制作四目垣

先将青竹横竖搭建框架，再使用棕榈绳捆绑固定。

寺院周围的四目垣。

诹访铁平石与花岗岩铺成的入园小路一旁竖立着一幅四目垣。

利用四目垣划分庭院与停车空地。

纯和风庭院，松树下围着的正是四目垣。

带来凉意的青枝垂红叶，L形的四目垣更显和风氛围。

庭院内四目垣与光蜡树成为很好的遮挡。

入园小路两侧的四目垣与树木，十分具有自然气息。

纯和风庭院客厅前的四目垣与茱萸。

四目垣围起来的和风庭院。树木为山红叶与日本铁杉。

御帘垣

古时候，贵族一般不会直接对外露出脸，会在室内悬挂帘子遮挡。由于酷似这种帘子，因此被称作御帘垣。将细竹横向排紧，然后再使用竖立的竹竿和染绳捆绑固定。细竹通常使用的是晒过的竹子。虽然是遮蔽垣，但也有适当的间隙通风。

御帘垣的底部种着柊南天与金边阔叶山麦冬等植物。

在两屋边界处竖立的御帘垣。底部是伊势立方石。设计主题为"横卧大地的温柔"。

和室前使用了御帘垣风格的创作垣来遮挡。

独栋房二楼阳台的坪庭。使用了御帘垣风格的创作垣来遮挡。

位于入园小路一侧、狭长的现代日式风格小坪庭，使用御帘垣作为遮挡。

现代日式庭院，使用御帘垣作为两屋之间的遮挡。

纯和风庭院内，采用了人造竹制成的御帘垣作为遮挡与围栏。

作为坪庭背景的御帘垣。底部种植的是红继木与茶梅，前方是锈化沙砾石。

玄关旁现代日式庭院，使用御帘垣作为围栏与遮挡。

建仁寺垣

日本京都建仁寺制作的竹垣，以遮蔽垣居多。建仁寺垣基本的构造是将竹子纵向切半后，直立排列；然后在表面使用数条横竿以同样间隔捆绑固定。

与和风建筑相融合的建仁寺垣，经过岁月的洗礼，竹子的颜色有些脱落。

和风庭院使用了建仁寺垣，确保空间的私密性。

建仁寺垣的特征之一"装饰绳结"。

建仁寺垣上开出一个小窗户，略带柴扉的感觉。

四周使用建仁寺垣围绕的寺院。由于施工完成不久，竹子的颜色还十分翠绿。

建仁寺垣作为和风庭院（图中左侧）与欧式庭院（图中右侧）的分界。

对骨架进行修补的建仁寺垣。

浴室外围使用人造竹做了一个建仁寺垣风格的围墙。

寺院入口处的建仁寺垣（图中右侧）与黑穗垣（图中左侧，参见P126）。

被翠绿环绕的停车场深处是和风庭院。竹垣为建仁寺垣。

后院的坪庭。像真竹子一样的建仁寺垣，其实是用仿竹制的树脂塑料制成，不需要花太多精力保养。

浴室前的和风庭院，可以一边入浴一边欣赏风景。竹垣为人造竹的建仁寺垣。

金阁寺垣

低矮型的通透垣。由京都的鹿苑寺（金阁寺）制作，因此而得名。金阁寺垣也称作足下垣，上半部使用较粗的竹子作为横缘是其特色之一。经常放置于前庭小路旁作衬托，能够很好地引出庭院独特的风景和情趣。

金阁寺垣围绕着的石庭。

日式欧风相融合的庭院内建造的金阁寺垣。图为夜晚的景色。

现代日式庭院内的金阁寺垣。

仿造金阁寺垣风格的原创竹垣，作为和风庭院（图中右侧）与小路的分界。

北面狭小空间内建造的坪庭。庭院使用竹穗垣作围栏，用植物打造幽深的层次感。

竹穗垣

将竹穗不留空隙紧凑排列后，再用横缘捆绑固定。竹穗是指竹子与竹子前端竹穗部分的总称。竹垣使用的竹穗一般比较长。目前较常使用的是孟宗竹和黑竹，前者称为白穗，后者称为黑穗。

使用竹穗垣作围栏的现代日式庭院，庭院内还摆放了创作灯笼与水钵。

光悦垣

该竹垣出现于日本江户时期的艺术家本阿弥光悦建造的菩提寺以及京都的光悦寺内，因此而得名光悦垣，也因其外形被称作卧牛垣。它的基本构造为使用竹片交叉编织而成的弓形。

纯和风庭院内的光悦垣，远处是织部灯笼。

纯和风的入户大门，打开数寄屋门就能够看到内部的光悦垣。

大津垣

将板状的竹子作为横竿，与竖立排列的竹子相互交错固定而制成的竹垣。

现代日式庭院。围栏使用了大津垣与格子栅栏。

龙安寺垣

以京都龙安寺的围栏为原型制作的竹垣。将苦竹纵向切半后编织成菱形状的竹垣。

纯和风庭院内的龙安寺竹垣（图中前方）。左侧为御帘垣。

不同的地点，不同类型的竹垣，展现出与众不同的和风气息。

纯和风庭院，玄关处看到的柴扉门（图中央）。玄关前是木曾石搭建的台阶。

柴扉门

庭院内区分内外露地的木门。常指使用短小的竹枝制成的简易木门。

现代日式风格的入园小路。打开柴扉门就来到了庭院内。远处是建仁寺垣。

纯和风庭院的柴扉门，背景是御帘垣与红枫。

纯和风庭院的柴扉门与四目垣。打开门就来到了茶庭的静候亭。

从停车场看到的柴扉门。两侧是人造竹制成的御帘垣。

遮蔽的精髓在于"隐上露下"

使用竹垣作为遮蔽的和风庭院。

我们可以选择墙、围栏、竹垣等作为遮蔽，遮蔽的精髓在于"隐上露下"。如图所示，使用竹垣作为遮蔽时，可将上半部分制作成御帘垣风格的遮蔽垣，下半部分则采用四目垣的风格。上半部分的遮蔽垣可以屏蔽外界的视线，下半部分的通透垣可以通风，有利于植物生长，也符合人们的生活习惯。在高温湿热的日本，这种设计十分具有优势。如果从上到下遮蔽得严严实实，反而会带来压迫感。闭锁的空间不适宜人居，缺乏日照与通风，也不利于植物生长。这几点需要在设计围栏时多加注意。

屏蔽外界的视线

通风

利于植物生长

树木、花草名称

三叶杜鹃
紫杉
木贼
石蕗
万年青
石菖蒲

飞石

飞石是指取一定间隔铺在地上形成小路的石块，是铺石的一种。飞石与铺石常用来铺置园路。飞石的摆放比铺石更为自由，是茶庭露地内不可或缺的物件。摆放飞石不仅要注重美感，还要考虑步行的安全性与便利性。

伊势沙砾石与木曾石飞石。植物为红枫，竹垣是御帘垣。

本御影飞石的尽头是蹲踞。地面铺满伊势沙砾石，灯笼为织部灯笼。

铺有飞石的园路仿佛在山间小路一般。植物左起为马醉木、姬沙罗、白橡树山茶等。

"蜈蚣步石"搭建园路

利用其中一面是平滑的庭石，采用"蜈蚣步石"的形式铺置园内小路（左图）。右图是"蜈蚣步石"与外廊相融合的景色。最近的房屋很少在室内建造走廊，屋外走廊一般建在庭院内，而且通常与露台相连，成为其一部分。

现代自然风格的庭院，棋盘式的摆设十分独特。

圆形的花岗岩作为踏石呈点状分布，洒水后就会变得十分凉快。

铺石是指将天然的石头进行加工，再铺成各种形状的道路。常见于玄关处的入园小路或是露地内的园路。铺石同样需要注重优美，但安全与是否方便才是最重要的。因此，需要考虑合适的路面宽度，以及选择表面较为粗糙且防滑的石块。此外，铺石的稳固性也不能忽视。

杉树形状的铺石。

本花岗岩飞石与延段的园路。

花岗岩与石英岩的小铺石路。

御影延石的园路。

粘板岩与白川沙砾石铺成的入园小路。

丹波石无规则拼铺成的入园小路。

花岗岩的延段园路。

花岗岩的延石与南部沙砾石的组合。

白川沙砾石与景石以及杉苔打造的现代简约日式入园小路。

天然平板石与白川沙砾石的组合。

立方石铺成的入园小路。

使用瓦片和长条形铺石构成主要框架，给人以怀抱的感觉。

打造和风庭院的素材

打造和风庭院的素材有许多，这里选取适合和风庭院的树木、低矮灌丛、青苔、石头、沙砾、水钵、照明灯来介绍。

树木

适合和风庭院栽种的树木有许多，常见的有青木、马醉木、梅花、铁冬青、黑松、五针松、茶梅、紫薇花、杉树、台杉、山茶、羽团扇枫、姬沙罗、金缕梅、罗汉松、桂花、厚皮香、红叶、四照花等。

野茉莉
野茉莉科落叶阔叶小高木，树形十分优美。花期为5~6月，花朵向下开放。

马醉木
杜鹃科小常绿乔木，叶子细长，长势茂盛。喜阴。常用作蹲踞的植被。

青木
山茱萸科常绿灌木，生长较快，阴生植物的代表。适合日照条件较差的小庭院。冬天会结出红色的果实。

紫薇花
千屈菜科落叶阔叶小高木，生长快，7~9月开花，花朵颜色有粉、白、紫等。

茶梅
山茶科常绿阔叶小高木，生长较慢，喜阴。花期为10月~次年2月，是开花淡季中的重要树木。

桂树
桂树科落叶阔叶高木，生长快，心形树叶是其特征。花期为5月，秋季树叶会变黄。

常绿树木：青木、马醉木、铁冬青、黑松、五针松、茶梅、光蜡树、白橡树、杉树、台杉、山茶、红继木、罗汉松、桂花、厚皮香等。

落叶树木：梅花、野茉莉、桂树、紫薇花、枝垂红叶、羽团扇枫、茱萸、姬沙罗、金缕梅、红叶、四照花等。

娑罗树

山茶科落叶高木，也称作梭罗树。树形优美，修剪次数较少。花期为6~7月。

光蜡树

桂花科常绿阔叶高木，南国树木的代表。生长需要较大空间。花期为5~6月，花朵为白色圆锥形。

枝垂红叶

枫叶科落叶阔叶低木，生长快。其特征如其名，枝条容易下垂。花期为4~5月。

红继木

金缕梅科常绿低木，生长快，花朵有白色与红色两种。图为红花红继木。

山茶

山茶科常绿乔木，生长慢，喜阴。品种数量多，耐寒、耐盐害、耐烟，适合庭院种植。花期为9~12月。

台杉

杉树科常绿高木，生长快、耐修剪，会由单株生长出几株垂直侧株。花期为3~4月。

树高 0.3~1.5m 为低木，树高 3m 以上为高木。

低木： 青木、马醉木、茶梅、枝垂红叶、红继木等。

高木： 野茉莉、桂树、紫薇花、光蜡树、娑罗树、白橡树、台杉、山茶、羽团扇枫、茱萸、姬沙罗、桂花、红叶、四照花等。

罗汉松

常用作庭院的主树。同属罗汉松类的金松是杉树科常绿针叶高木，犬松、罗汉松是松树科常绿针叶高木。图为金松。

姬沙罗

山茶科阔叶高木，生长快，花期为6~7月。

羽团扇枫

枫叶科落叶阔叶高木，生长快，耐移植。花期为5月。

四照花

山茱萸科落叶阔叶高木，生长快，常用作庭院主树。品种多，红色四照花8月会结出红色果实。

红叶

枫叶科落叶乔木。春季翠绿，秋季鲜红，美不胜收。其中以山红叶、红枫等最为有名。

桂花

桂花科常绿乔木。有金桂与银桂，金桂花香更浓郁，花期为9~10月。

移植高木的施工步骤

移植高木时通常会使用到起吊车，可以交给施工方代劳。接下来介绍一下庭院改建时移植原有高木（松树、乌冈栎）的施工步骤。

和风庭院的改建工程。改建前（上图）与改建后（下图）。

★移植操作较为简单的树木
青木、青桬、大柄冬青、千金榆、紫阳花、马醉木、六道木、梅花、野茉莉、男莢蒾、枫树、柿树、三裂树参、桂树、山月桂、金桂、黑钓樟、樱花、茶梅、杜鹃花、紫薇花、光蜡树、石楠花、娑罗树、黄栌、冬青、踯躅、山茶、吊花、红继木、南天、凌霄花 茱萸、姬沙罗、凤榴、葡萄、蓝莓、贴梗海棠、长柄双花木、西南卫矛、金缕梅、日本紫珠、全缘冬青、四照花、桉树。

★需要进行根部带土包装的树木
青冈、含笑花、铁冬青、皱叶木兰、加拿大唐棣、蓝叶云杉、罗汉松、松树、玉兰、杨梅。

★移植较为困难的树木
红豆杉、铁线莲、黑钓樟、白桦、七灶花楸、多花红千层、金合欢。

移植乌冈栎

❶为便于移植，先将乌冈栎的根须处进行带土包装。

❷根部土球用麻布包裹，然后用起吊车运至卡车上准备移植。

❸在移植位置挖出合适的坑，将乌冈栎种植下去。

❹种下乌冈栎后，浇水，确定树形面向后，移植完成！

移植松树

❶将松树的根部进行带土包装，方便移植。

❷即将移植到庭院新的位置。

❸稍作休整，为松树选择合适的朝向。

❹松树种植比乌冈栎略浅，确定朝向后就移植成功。

庭院树木的种植步骤

种植庭院树木时，需要根据树木的特征选择合适的种植时期。这里以庭院树木的典型代表四照花为例，介绍庭院树的种植步骤。

★四照花的特征

科、属：杉树科杉树属、落叶高木
别名：山法师、石枣
适宜种植区域：日本东北~九州地区
树高：5~7m
花期：6~7月
花色：白、粉
日照：向阳处~半背阴处
用途：代表树木

● 特征
初夏开花。花萼呈筒状。秋季果实成熟后可食用。散状树形挺立、优美，属秋季变色树木。属于欧式、和风与杂木庭院的首选标志树木。

● 重点

■ 种植
种植与移植的最佳时期为3~4月以及10~11月。适宜种植在向阳或者部分稍微有些背阴、土壤较为湿润与肥沃的地方。

■ 肥料
施肥期为2~3月。冬季施肥，在树木周围堆肥或堆放腐叶即可。

■ 修剪
修剪最佳时期为2~3月以及9~10月。树形聚拢，只需要进行最基本的多余枝条修剪即可。

四照花带来的乐趣！

成熟的四照花果实，也被称作"牛奶奇异果"。果实成熟后无须修剪，可以直接收获。如果想要增加成熟果实的数量，建议可以增加含钾元素较多的化肥或是骨粉等肥料。

变红了的四照花。

一株翠绿欲滴的四照花。

- **散状树形**
  从主干两侧生长出侧干的树木。
- **根钵**
  挖出土后树木根部以及根部附近的土壤。
- **包根**
  挖出树木后，为了不让根须附近的土壤掉落，使用草绳、麻布等连土带根包裹起来。这些包裹物以后会成为树木的肥料。
- **水钵**
  种植树木时，在树根处设置的蓄水空间。也称作手水钵。

月份	1	2	3	4	5	6	7	8	9	10	11	12
树木的状态						开花			结果			
修剪												
施肥												

四照花的种植步骤

❶确定种植地点后，挖出树坑。树坑要比移植树木的根钵稍微大、深一些。

❷翻松底部的土壤并施肥，用铲子混合均匀。

❸把四照花移入树坑内，树木的根钵与树坑壁留出5cm左右的空间为佳。

❹填土，土壤覆盖住根钵80%左右即可。

❺填土之后的状态，注意不要将主干埋入地下太深。

❻倒入充足的水。一开始水很快就被吸收，逐渐就会积蓄起来。

❼轻摇四照花，排出底部的空气，并使根部契合土壤。最后确认树干是否直立。

❽抽出多余积水后，继续填土。可以使用木板来平整土壤。此时取下包根用的麻绳与麻袋。

❾整理表面的土壤，制作一个水钵。

❿最后，再一次把水引入水钵内。根钵四周的土壤如果过于紧实，会影响植物生根，需要多加注意。

⓫向水钵内倒入水。

⓬完成种植。树木较高时，可以适当地利用支撑物协助。种植完成后，若出现干枯情况，则需要额外多浇一些水。

地被植物

地被植物是指在树木、灯笼、庭石等靠近地面位置处种植的用作搭配的草本类植物。除了草本植物外，还包含竹类、蕨类等低木。草本植物多为玉龙、吉祥草；低木常见的是紫金牛、两百金；竹类主要是日本蹄盖蕨、荚果蕨等。

玉簪花

百合科多年生草本，背阴处也可生长，常用于种植在边缘作为装饰。

吉祥草

百合科常绿多年生草本，叶细长，叶尖呈尖端状。

维氏熊竹

禾本科常绿低木，阴凉处也可生长。适合作地被。

玉龙

百合科，喜阴，适合没有青苔生长的空间。

白芨

兰花科宿根草，叶呈椭圆形。初夏会盛开美丽的花朵。

石菖蒲

芋科常绿多年生草本植物，背阴处也可生长。

一叶兰

百合科多年生草本，树叶有柄，叶面大且绿，有光泽，适合较阴处。

木贼

木贼科常绿多年生草本，整体呈直立状。

石蕗

菊科常绿多年生草本，背阴处也可生长，11月会开出美丽的黄色花朵。

金边阔叶山麦冬

百合科常绿多年生草本，叶细长，也有带斑的品种。夏秋会开出紫色穗状小花。

油点草

百合科常绿多年生草本，初夏至秋季会开出淡紫色斑点的花朵。

富贵草

黄杨科常绿灌木，叶尖呈锯齿状。背阴处也可生长，适宜大量种植。

青苔

青苔是地被类最具代表性的植物，是和风庭院不可或缺的素材之一。地被类指的是覆盖地面的一类植物，即低矮植物的总称。

砂苔

在日照良好、开阔的沙质土或岩石上极易生长，给风的杂木庭院增添一份静谧。

杉苔

喜欢在稍微阴暗潮湿的地方生长。也可作为混载或者盆栽种植。

曲尾藓

属于发散状苔藓，阴生，颜色翠绿欲滴。

东亚万年藓

喜阴，但不喜湿，土壤干燥可以使它保持翠绿。

大桧藓

整体十分柔软。喜阴，不喜干。

大灰藓

喜欢日照较为充足的草原或是有阳光照射的树荫。

球形山苔

室内装饰或是和风庭院首选的球形青苔植物之一，既可种植在容器内，也可以附着在石块上生长。

山苔

背阴处生长的白绿色青苔。仅靠空气中的水分就可以生长。给人楚楚可怜的感觉，常用来点缀杂木庭院。

泥炭藓

吸水性极强，可以说是极湿的植物，喜欢较为明亮的阴暗处，不喜干。

石头

石头从很早的时候就是和风庭院的搭建材料之一。庭石一般采取的是"铺"或"砌"的手法，石材也都选用天然的石块。日式庭院内常用作庭石的天然石有安山岩、花岗岩、粘板岩等国产石块。但最近，使用白色或者米色等浅色系的石英岩、石灰岩等进口石材的庭院也渐渐多了起来。此外，还出现了使用混凝土仿制天然石材的拟石。平板的石块一般用作铺砌入园小路或飞石。

石英岩

堆积岩的一种，主要成为以石英为主的石头的总称，图为由方形石英岩铺成的露台。

三波石

日本群马县三波川极其周边地区出产的石头。图为使用显眼的三波石来表现流水的概念。

大谷石

日本栃木县宇都宫市大谷地区出产的石头。质地软、易加工，因此常用作门柱、石堆的材料。图为大谷石铺砌的入园小路。空隙部分使用英虞湾石填充。

粘板岩

通过压力泥塑制成的高密度薄板状的石块，易切割。图为仿木材质的印度粘板岩与厚短型的印度砂岩。

铁平石

日本长野县佐久、诹访地区出产的板状岩石。图为无规则形状的铁平石铺砌而成的延段。与整齐的御影平板石十分搭配。

丹波石

日本京都府龟冈市出产的庭石。有丹波鞍马石、丹波铁平石、丹波玉石三种。图为丹波石铺砌的入园小路。

六方石

呈六角形圆柱状的天然石头。图为由六方石组成的坪庭。沙砾石为白川沙砾与川沙砾的混合搭配。

白花岗岩

白色系花岗岩，纹路较细。图为白花岗岩制成的门柱与石柱。

花岗岩

日本兵库县六甲山地区出产的淡红色花岗岩。图为花岗岩铺砌的园路。两侧铺的是大矾沙砾石。

沙砾石

沙砾石被广泛地使用是在日本室町时代（1336~1573年）后期，枯山水庭院得以成名之后。沙砾石本身有沙纹。倘若沙砾石体积足够大，且纹路较深，那么沙纹一般不会被雨水冲刷洗去。沙砾石有许多种类，通常会根据产地、颜色、形状进行命名。考虑到庭院的打理与维护，建议在沙砾石底下铺一层灰浆，并安装好排水设备。

锈化沙砾石

化妆沙砾石的一种，特征是带有生锈的暗红色，也称锈沙砾。图为坪庭一隅，灯笼底部种植了山苔并铺上了锈化沙砾石。

大矶沙砾石

日本神奈川县大矶海岸出产的黑色沙砾石。图为花岗岩铺砌的园路（左侧），路旁铺的就是大矶沙砾石。

伊势沙砾石

日本三重县菰野地区出产的由花岗岩粉碎而制成的沙砾石。图为使用伊势沙砾石来寓意流水的庭院。

那智黑沙砾石

日本三重县熊野市出产的带有光泽的纯黑沙砾石。大小约为3~10cm。图为铺在坪庭内的那智黑沙砾石。

白玉沙砾石

白色系大小均等的圆形沙砾石。图为使用白玉沙砾石打造的和风庭院。

白川沙砾石

日本京都府东山北白川地区出产的9~15mm的大颗粒沙砾石。图为使用了白川沙砾石的枯山水。

豆沙砾石

直径10mm以下的小直径沙砾石。图为木曾石搭建的挡土墙，再配以豆沙砾石的墙面涂装。

化妆沙砾石

沙砾石的一种。可以对其进行表面着色、涂装、打磨、切割等工序。图为使用化妆沙砾石来表现水流的和风庭院。

南部沙砾石

日本京都府南部地区出产的茶色略圆的沙砾石。图为花岗岩搭建的延石与南部沙砾石深色的为那智黑沙砾石。

水钵

水钵为手水钵的别称。进入茶庭需要使用清水洁净双手与口腔，盛放洁净用的清水的容器就是水钵。水钵大部分由石头制成，也有使用金属、陶瓷、木头等材料制成的。此外，平坦、较浅的陶瓷或金属制花器也称作水盘。除原有材料之外，也常见利用废弃的石臼等作为水钵的例子。

信乐烧的大型水钵。

水盘式水钵。

檐廊前的水盘与景石构成的景色。

将石臼当作水钵使用。

不锈钢制的引水筒里流出的水落到陶瓷容器内，仿佛将内壁染成银色。

现代日式小庭院内的简约水钵。

突出手水钵存在感的同时，又与庭院的风格相融合。

浴室前的架子上摆放的陶瓷制水钵。

花岗岩制的石臼与水钵。

五行水钵（枝洋一以阴阳五行的理念设计的风水水钵）。

二楼阳台和风庭院内的陶瓷制水钵。

罗照水钵（枝洋一原创的水钵）。

灯光

传统日本庭园会使用灯笼照明，现代日式庭院则推荐使用电力照明系统。尤其是从下方的亮灯，会令庭院的添景物与树木呈现出与白天完全不同的、犹如梦幻国度一般的氛围。手水钵中也可引入照明系统。照明系统可以使用低消耗的 LED 灯或是太阳能灯，既美观又节省电费。

夜间蹲踞周围的照明。球形灯里照射出温暖的光芒。

防水照明打造的夜间花园，别具一番风味。

和风花园照明，灯笼的光芒闪烁。

让人联想起明月的现代日式球形灯，柔和的光辉正抚平人们的内心。

亮灯后的入园小路，仿佛京都小路一般的氛围。

水钵点灯之后的景色。罗照水钵为原创，点亮后呈现出与白天不同的景色。

水中的灯光点亮了夜晚（夜景）。陶瓷制的深水钵中安装了照明灯，每当入夜，就仿佛步入梦幻空间。

手水钵中的灯光营造出一种梦幻般的氛围。

灯笼射出的温暖灯光，正在迎接归家的人们。

令和风庭院增色的技巧

不同种类的树木搭配种植

即便是落叶树的红叶，也可以选择不同颜色的品种搭配种植。富有层次感的植物颜色会令庭院增色不少。右图远处为山红叶，前方为野村红叶，下方则是猩猩红叶。红叶变色的时期也尽可能保持一致。

植被会令整个庭院焕然一新

种植树木时，需要考虑怎么做才能令各个角度观赏到的景色都构成一幅完美的画卷。植物种植的位置不同，整个庭院给人的感觉也会不一样。上图为从厨房窗户看到的景色，树木是姬沙罗。

保留一些原有的物件

庭院翻修时，庭石、造景物等的拆解会造成一大笔额外费用。若不占空间，留下也无妨。以下图为例，原本的庭石不便移动，搭建露台时就进行了设计改造。

有效利用废弃材料

庭院翻修时，瓦片、石臼等物品若是品相完好，可以留下继续使用。以图中为例，石臼无法继续使用，但可以留下来做装饰。不仅古韵深幽，还不失趣味。

背阴处可以种植阴生植物

家里北面日照不足，影响植物生长。缺少日照的背阴处，可以选择种植一些阴生植物。以图中的庭院为例，位于北面的和风后院内种植了厚叶石斑木、杜鹃花、日本鸢尾等植物。

种植一些落叶树，感受四季的变迁

最直观感受到四季变迁的依然是秋季树叶变红的景色。树叶秋季变红的植物中最具代表性的就是红叶。除了红叶，我们身边常见的杂木也会在秋季变色，如常见的四照花。上图为未变红的、正值开花期的四照花；下图为秋季变红之后的四照花。仅从一棵树就能感受到四季的变迁。此外，七灶花楸、枫树、毛果槭等也是不错的选择。

日式与欧风打造的独一无二

根据设计与建造手法，可以同时展现出欧式与日式两种风格。上图是和风坪庭内的露台。面向庭院时，木板的纹路与室内平行，但面向侧墙时纹路却与室内成垂直关系了。真是一份独一无二的特殊设计。

园路尽量走曲线

园路铺成曲线状，会给人以柔和、富有情调的感觉。图中为花岗岩板与大矶沙砾石铺成的曲线园路，极具和风气息。

用飞石打造和风氛围

飞石为传统和风庭院常使用装饰手法之一，将它用于现代风格建筑中，也别有一番趣味。以图中庭院为例，土壤地内使用飞石铺建一条园路。地面使用了真沙土铺装成带坡度的斜面，既有效地防止污垢溅上台阶，又不失雅致。

用石头组合出和风的园路

和风庭院一般不会使用直线型的小路，曲线才是关键所在。左图为和风庭院的园路，通过立方石与花岗岩的相互搭配，打造了独特的折线形小路。

巧妙隐藏空调外机

    将空调外机巧妙地隐藏起来，打造成花台。图中的庭院，为了营造和风的氛围，在不影响机器运行的前提下，用人造竹将外机隐藏起来。

和风与欧式融合，更显时尚

    和风与欧式的融合也不失为一种选择。不执着于其中一种，而是取两者间的动态平衡来打造新型风格。图中的庭院不仅使用了人造竹的围栏，还搭配了木制露台。

玉龙与飞石的演出

    和风庭院常常使用玉龙作为装饰植被。排布飞石时，注意不要排成一条直线，并且留意飞石之间的间隔距离。不仅设计简单，而且美观大方。

使用栅栏作为浴室的遮挡

    浴室的遮挡建议使用竹垣或者栅栏。如图所示，使用木制的栅栏作为浴室前的遮挡，增添一些和风气息。

部分带有斑点的植物既适合和风庭院，也适合欧式庭院

    一般来说，和风庭院会种植偏和风的低矮灌丛植物，其中也不乏像玉簪花这样既适合和风又与欧式相融合的植物。比如匍匐筋骨草、绿叶筋骨草适合两种风格的庭院，而带有斑点的筋骨草更适合欧式的庭院。一叶兰、石蕗、富贵草、风知草、石菖蒲等原本属于和风庭院的植物，它们下属的带斑点的品种，则逐渐被用于欧式庭院的装饰。图中的植物左起为一叶兰、柊南天、富贵草。

打造和风庭院的专业小窍门

石墙内的正宗日本庭院

建造舒适、优美的庭院也有其独特的技巧与窍门。对于庭院内植物的种植与观赏，花坛、入园小路、停车位等处的石材选择这些问题，初次接触的人总是会一头雾水。接下来将以带有石墙的日本庭院为例，介绍庭院的建造方法与步骤。

俯瞰开阔的庭院。屋顶很大，标志性的榉树非常高，入户大门处也十分宽敞。

赤松下方是姬岩垂草、春日灯笼、流木。使用了引水筒与瓦片打造的桔梗庭院，属于枯山水流派。

东向的日式庭院。一木一石，十分幽静。再加上人造竹垣以及显眼的赤松，构成整个庭院的景色。

此宅庭院面积很大，这次屋主下定决心将原有庭院改建为正宗的日式庭院。

主庭中央为筑山部分，主要使用7个品种的红叶来装扮。在红叶品种的选择上尤其下了功夫，在充分考虑到每个品种树叶变红的时期后，选择了能够相互搭配的品种，以期展现出独特的风情。筑山的地被植物为姬岩垂草与百里香等。首先埋一层除草垫，再铺上伊势沙砾石，最后进行露台施工。庭院本身面积就十分大，因此需要通过部分高低差来保持整体的平衡感。标志树依然是树高拔萃的榉树。

东向的日式庭院为一木一石的庭院。由人造竹垣再加上显眼的赤松构成，整体显得十分幽静。赤松下方是姬岩垂草、春日灯笼以及流木。庭院使用了引水筒与瓦片，打造了一个桔梗风格的庭院，枯山水的景色令人内心得到了治愈。

西面是开阔的侧庭，此处设计了木平台。植物也选择了开花结果的品种。地面埋入除草垫后铺上山沙，不仅美观，也便于保养与维护。

庭院与外部道路的交界处，使用通风性良好的石墙隔离。庭院内不同颜色的植物，交织出一幅美不胜收的景色。

主庭中央为筑山，主要使用7个品种的红叶来装扮。在充分考虑到每个品种树叶变红的时期后，选择了能够相互搭配的品种。

筑山的地被植物为姬岩垂草与百里香等。首先埋一层除草垫，再铺上伊势沙砾石，最后进行露台施工。庭院本身面积大，因此需要通过部分高低差来保持整体的平衡感。

与外部道路交界处的围墙，采用通风性能良好的石墙。不同颜色的植物交织出绝美风景。植物有金线柏、达摩南天、多花红干层、橄榄树、橘花、贴梗海棠、西洋牡荆树等。

西面是开阔的侧庭，此处设计了木制露台。配植也选择了开花结果的品种。地面埋入除草垫后铺上山沙，不仅美观，也便于保养与维护。

右起分别为道路、植被、石墙、树木、旧石头墙以及木曾石的石垣。内侧是主庭的红叶筑山。

日式庭院的围墙使用了黑御影背板石来搭建。

- **主庭**
  庭院内的中心部分。
- **筑山**
  庭院内通过堆叠土壤打造的小山坡。
- **侧庭**
  进行家务的空间，靠近厨房后门。一般用作晾衣物、摆放物品等。
- **配植**
  根据树木和花草的习性有选择性地搭配种植。

施工面积：约1320m²
施工时间：约550日

建造石墙

使用花岗岩石板建造石墙。首先，搭建地基，确定建造位置。

用卡车运入石板，根据每一块的形状确定摆放位置。纹路粗糙的一面朝向道路。

最后种上植物。石块与植物打造的优美景色立即呈现在眼前。

移动景石·移植树木

建造庭院时，需要进行繁琐的景石移动或是植物移植。每一次都需要认真仔细对待，因此需要多人协助进行。图为移动景石。

移植树木。图为将移植树木的根部进行带土包装。现在可以使用以前的技术与机械同时进行作业，以达到事半功倍的效果。

建造庭院时，会经历：树根带土包装→移植→暂种，然后再进行树根带土包装→移植→最终定植这样一个过程。图中树木为赤松。

保护树木

高大的树木也有它的独特魅力，应多考虑怎样将它与庭院设计结合起来。图中树木为榉树。

树木处于落叶时期时暂时切掉枝干，切口处涂上特殊的涂料来保护树木。

两年后，树木恢复生机，再次成为玄关处的标志性树木。

建造中庭

建造庭院时，需要事先与施工方进行沟通。对中庭的设计案有初步把握后，再进入实施阶段。施工过程中的瓦片等遗留物要注意收集整理。

施工进行途中需要到现场进行确认。

最后再次与施工方沟通排水和水路设备的布局，确定方案后再实施。

处理地面

后院种植的植物较少，埋下除草垫后就可以铺上山沙，开始施工作业。这样不仅美观，而且便于管理。

对植物根部位置的地面进行平整作业。

后院地面的整理也是整个庭院改造的一部分。徒有优美外观，却需要费时费力保养，并不可取。

堆砌石头

石头的堆砌也会成为庭院内的一景。图为石块的粗堆。不特意使用混凝土填补空隙，仅使用石块堆砌，且突出了其与植物的互动性。

无规则堆砌法，随意地将石头与植物堆砌在一起。

龟甲堆砌法，将石块堆砌成类似龟甲的形状。并非刻意堆砌出龟甲形状，但是这份不经意也成为庭院内一道较为特殊的景观。

废物利用

施工中会产生一些木屑，这些木屑以后可以用来抑制杂草的生长。此外，也能起到一定的改良土壤的功效。

废弃的臼，瓦片以及石臼，都可以再利用。

将瓦片用作挡土墙，防止尘土飞扬，保持墙壁的干净整洁。

用石头搭建驳岸

使用石块搭建驳岸。石块之间不使用混凝土，仅在背面使用沙砾石等填充。

木曾石搭建的驳岸。石块没有经过切割，全部是天然的形状。

最后种上植物。

种植植物

建造庭院时，玄关前的施工尤为重要。图为入园小路翻新前的样子。

玄关附近可以尽量种植结果的植物。图中树木为柚子树。

低矮灌丛选择了花草，也以带斑点品种为主。图中植被为胡颓子。

建造筑山

建造筑山时，可以对施工中产出的土壤加以利用。图为夏天施工的情景。

完成后，秋天的样子。正是观赏红叶的季节。

冬季的景色。几乎所有植物的叶子都掉光了。日照十分温暖。

搭建木平台

有了露台，庭院的使用率就会提高。此外，露台也能够防止杂草丛生。地撑的部分使用铝制材料，免去了易受腐蚀的担忧。

添上植物、石头、沙砾石等。与露台十分搭配，一派悠然的氛围。

木板的拼接使用了图中所示的方式。

增加点缀

人造竹制作而成的栅栏。如图所示，栅栏"上隐下露"。上半部分可以起到遮挡的作用，下半部分则保证了良好的通风性能，植物得以生长，打造出宜居的环境。

使用天然的流木作为引水筒，十分有个性。

此处的立水栓也别有一番趣味。

旧瓦片的二次利用

将瓦片直立围绕成桶状作装饰。左边植物为细叶柊南天，右边为吉祥草。

用作挡土、挡沙墙等。给庭院添加新的一景。左边植物为姬岩垂草，右边是带斑紫金牛。

屋顶的瓦片、房檐上的瓦片、兽头瓦等，都可以作为装饰庭院的素材，展示庭院独特的情趣。

石墙变石板

原有的石墙拆解之后可作为入园小路的石板再利用。石墙的处理费用较高，建议循环利用，从某种程度上还可以防止杂草丛生。

原有的石墙。

用作铺砌窄廊。

用作铺砌园路。

让老旧的兽头瓦重新绽放光芒

放在玄关旁作分界线。

作为庭院装饰物。

加上LED灯做装饰。

老旧的瓦片或石臼、水钵等物件，可以通过各种各样的形式重新利用起来。比如，旧瓦片可以用作花坛或者园路的围栏，老石臼可以作为石板，水钵可以变身为花坛等。拥有150年历史的兽头瓦，如今加上了照明，重新焕发出光彩。

有效使用品相完好的旧物

　　建造庭院时，应善于利用原有的旧物与素材。承载着家人回忆的物品更应该如此。尤其是在进行庭院翻新时，有效地将原有物件二次利用起来，不仅能够省下一笔处理费用，还可以减少垃圾的产生和整个工程的成本。比如，将旧瓦片用作花坛或者园路的围栏，老的石臼可以作为石板，水钵可以变身为花坛等。根据你的想法，这些老旧物品将会重获新生。

和风入园小路。中间是满载回忆的石臼。

院内的井口，灾害时期可以使用。目前暂用石磨盖住，作为庭院内的一景。

利用老水井打造枯山水庭院。

将旧瓦片作为铁平石入园小路的装饰（下图）。使用原有的石臼作为入园小路的装饰（上图）。

用语解说

参考资料
●《园艺室外设计用语辞典》猪狩达夫监修，E&G学会用语辞典编辑委员会编著／日本彰国社
●《坪庭 © 小庭院》吉河功著／日本靓丽社

Ⓐ **安山岩**：火山岩的一种，熔岩凝固后形成。常用作庭石。

Ⓑ **白川沙砾石**：日本京都府东山白川地区产出的直径约9~15mm的沙砾石。白色亮度适宜、柔和不伤眼，常被用作庭院打造材料。

板石：呈平板状的薄石。

半开放式外墙：外墙设计之一。使用围墙，但部分可以透过围墙看到外面景色。部分开放极大地减少了空间的闭塞感。

壁泉：墙壁内接通水管，水会从墙壁孔流出。

标志树：作为该庭院的象征的树木。

Ⓒ **草本植物**：地面部分的茎干叶呈柔软状的植物，即非树木类植物的总称。

草纹路：通过植物呈现出的纹路。本书中，将混凝土涂装地面之间种植的植物称为草纹路。

侧门墙（门袖）：在门前竖立的门墙，用作遮挡，也用作安装邮箱或者门铃对讲机。

侧面堆砌：使用瓦片或是石块侧面进行堆砌。常用于搭建花坛或是小空间的边缘。

茶庭：茶室附属的庭院，也称露地。

柴扉门（枝折户）：作为庭院内界限，尤其是内外露地的界限而设置的柴扉门。使用短小细长的枝条或者竹子编织的简单柴扉门。

常绿树：一年之中不会枯萎、常绿的有叶植物。

创作手水钵：手水钵的一种。将石头按照喜好的形状特别制作而成的手水钵。

创作垣：竹垣的一种。基于传统的竹垣，融入现代风格的原创竹垣。

Ⓓ **大谷石**：庭石的一种。日本栃木县宇都宫市大谷地区产出的质地柔软易加工的石头。常用于制作门柱或者石头围栏。

带斑点：叶、花、茎等处带有不同颜色或花纹。

带脚灯笼（脚付灯笼）：灯柱下带脚的石灯笼。

挡土墙、驳岸（土留）：挖坑或是堆土坡时，防止斜面崩塌而制作的墙。墙体有堆石、制板（木板、钢板）、阻挡物等构成方式。

道标灯笼：石灯笼的一种。道标是指古代竖立在分叉路口处指示方向的石制路标。模仿其外形而制作的灯笼就是道标灯笼。

灯笼：使用石头或者金属材料制作的照明工具。

低矮灌丛：在树木、灯笼、庭石等近地面处添种的作为搭配物的草本植物。除草本植物外，还有包含了属于低木的竹类或蕨类。

低木：树高在0.3~1.5m的树木，以灌木类为主。

地被植物：青苔等铺盖地面的低生植物。

地滚石：花岗岩河川石，直径在10~15cm左右的圆形石头。也称作"五郎太石""五吕太石"。常用铺在延段或是路旁。以伊势地滚石与筑波地滚石最为出名。

地砖铺装：使用混凝土砖块进行地面铺装。可选择的尺寸、形状、颜色十分丰富，主要用作停车位以及入园小路的地面铺装。接缝处使用沙子取代灰浆填充，因此具备较好透水性，防止雨天积水。形状采用非直线型，通过相互嵌入排列达到防滑的效果。

点灯灯笼（置灯笼）：小型灯笼，可以放在平台上使用。

堆石：不是采用固定加工，而是使用堆砌的方法来搭建。

蹲踞：指茶庭内以手水钵为中心、包含周围物件在内的空间。

多年草：多年生的植物。

Ⓕ **防腐木（铁木）**：像铁一样结实的木材。

仿建物手水钵：手水钵的一种。利用古石塔废弃部分或是石制美术品的一部分挖洞，用作手水钵盛水。

放射型植株：从主干两侧生长出其他几根树干、主干呈放射型的树木。

飞石：按照一定间隔成点状铺成的小路。铺石的一种。

封闭式外墙：外墙设计之一。使用门墙与较高的围栏，确保庭院内的私密性。

Ⓖ **高木**：树高3m以上的树木。

光悦垣：竹垣的一种。见于江户时代初期有识学者本阿光悦的菩提寺与京都的光悦寺内。又称光悦寺垣，或者由其形态称之卧牛垣。

Ⓗ **河川玉石（玉石）**：海岸、河床处常见的稍圆的石头，直径在20~30cm。常用作墙体堆砌、地面铺砌等。以相州玉石、甲州玉石、多摩川玉石最为有名。

横木：横放于外墙或者门柱上方的长木。

红花岗岩：庭石的一种。日本兵库县六甲山系地区产出的淡红色花岗岩。

花岗岩：以石英、长石、云母等为主要成分的火成岩。

花木：花瓣、果实、树叶、树形优美的植物。

化妆沙砾石：沙砾石的一种。可以对表面进行着色、涂装、研磨等工序。还可以通过切割打造新形状。

环形石路：用天然石头或者人造石头铺成环形小路。常用于建造露台或是花坛。

Ⓙ **建仁寺垣**：竹垣的一种。据说由日本京都建仁寺制作，常被用作遮蔽垣。

借景：将远处的自然景观或者人文风景融入近庭院的远景设计中。

Ⓚ **开放式外墙**：外墙设计之一。面向道路而设计的开放性外墙结构，通常以植物为中心。

枯山水：完全不使用流水，仅使用石头与沙砾表象风景或者是流水的庭院。

阔叶树：叶子扁片宽大的树木。

Ⓛ **立水栓**：立式的水龙头。

流：蹲踞部位的名称。手水钵与前石之间，作为排水用的空间，也称"海"。

六方石：庭石的一种。呈六角形柱状的天然石头。

路缝（目地）：石板、砖块、瓷砖之间的拼接缝隙。

露地：即茶庭。多指去往茶室小路两侧的庭院。

乱形石：由天然石上直接切割出来、未经加工的石材。

落叶树：秋天落叶过冬，第二年再发芽的树木。

Ⓜ 木曾石：庭石的一种。日本岐阜县惠那郡地区产出的黑云母花岗岩。

木平台：使用木材做成的露台，通常会以客厅延伸空间的形式呈现。

Ⓝ 那智黑石：沙砾石的一种。日本和歌山县那智山至胜浦海岸一带产出的石头。大小为3~10cm，是黑沙砾石中的最高品质。

拟石：仿天然岩石制作的混凝土石头。也有将天然石的碎石粒混入制作的情况。

粘板岩：通过压力泥塑成的高密度薄板状的石块，易切割。

鸟海石：日本山形县鸟海山麓一带产出的山石。

Ⓟ 坪庭：建筑物之间或者是狭小空间内的庭院。也称中庭。

铺石：铺砌园路与庭院内通道的石头。飞石也是铺石的一种。

Ⓠ 砌石：把天然石块或是加工后的石块堆叠成石墙。

前石：蹲踞的役石之一，一般放置在手水钵前。到访者会在此处蹲下洗净双手。

前庭：玄关前的空间，也称前院。

乔木：树高较高的树木，也称作高木。

切割立方石：天然石块切割成的边长9cm的立方石，小型铺石。

曲线型：简称R。在室外设计业界内常使用"融入R""使用R"等表达。

Ⓡ 入地灯笼（生入灯笼）：石灯笼的一种，没有底座，灯柱直接埋入地面。

入园小路：从大门进到玄关处的小路。

Ⓢ 三和土：主要用于加固路面或地面。往红黏土加入石灰后，使用木槌敲打成形。

散铺：铺石的技法之一。将大小不一的石头随意铺砌。

石群搭配：用石块搭配堆砌成各种艺术造型。

室外窄廊（濡缘）：屋外墙壁边躲雨的窄廊。窄廊一般会面朝和室的小窗一侧。

手水钵：盛放净手清水的容器。

手烛石：蹲踞的役石之一。一般放置在手水钵的左右其中一侧，石头顶部平坦，一般用作夜间举行茶会时摆放灯烛。

水钵：手水钵的别称。此外，种植树木时，在树木根部用作灌水的空间也称作水钵。

四目垣：竹垣的一种。竹垣的立竿为圆柱状，再使用横竿加以固定，竿之间的间隙呈四方形。

宿根草：指进入冬眠期后，地面部分的茎叶会枯萎，但是地面下的根茎仍然存活的地面花草植物。每当进入生长期又能够重新生长，也称作多年生草。

Ⓣ 汤桶石：蹲踞的役石之一。一般放置在手水钵的左右其中一侧，石头顶部平坦，一般用作冬季举行茶会时摆放热水桶。

踢脚高度：台阶的第一级的高度。室外台阶的标准高度为150~200mm。

添景物：增添庭院景色、情趣的物件。

铁平石：庭石的一种。日本长野县佐久、诹访地区产出的板状石头，有带红色与带青色两种。

庭石：从天然的石头中选出形状合适的作为庭院内的装饰石头。根据产地可以分为山石、泽石、川石、海石等。

通透垣：可以透过竹垣看到外面的竹垣的总称。

土间：土壤地面。房子里未铺上地板的土壤地面。直接以土壤地面作为地板时，也称为土间。

脱屐石：廊前脱鞋时踩踏的稍微高出地面的石头。

Ⓧ 洗出：涂装的方法之一。在灰浆或混凝土还未完全凝固前，用水冲洗，使其中的骨架材质（沙、沙砾、石头等）显露在外。

现代日式：外装设计风格之一，日式与现代元素相结合的风格。在传统元素当中引入格子、方柱等经典流行元素，打造不失现代感的印象。

修剪：修剪树木的枝干。

袖垣（侧墙）：竹垣的一种。用作门前与庭院之间的遮挡。

玄武岩：火山岩的一种。外形呈柱状是其特征。

Ⓨ 延段：石板铺成的直线型小路。

延石：呈纵列状排布的石头或者石路。

野面堆砌：使用天然石头直接堆砌的方法。

一年草：播种之后，在一年内经历发芽、生长、开花、结果、枯萎整个过程的植物。

伊势沙砾石：沙砾石的一种。日本三重县菰野地区产出的将花岗岩粉碎之后形成的沙砾石。

移植：将植物挖出后移动别处种植。

役石：为了让茶会顺利进行、放置在露地中具有一定作用的石头。以蹲踞为例，有手烛石、汤桶石、前石、滴水石（水挂石）等。

引水筒：令水流过竹制或木制的筒管，流入手水钵的道具。

拥壁：为了防止堆砌土坡或者高地坍塌而在边缘搭建的阻挡墙体。

御帘垣：竹垣的一种。将竹子排列成竹帘状后，拼接立起围成竹垣。

园路：庭院与庭院之间的小路。

圆石铺砌：铺石的一种。将一样大小的圆形石头铺砌在地面。

Ⓩ 造景石：放在庭院关键位置的一两个大型石头。

遮蔽垣：完全遮挡视线的竹垣的总称。

针叶树：树叶为针状或是鳞片状的常绿树木。

枕木：铁路铁轨下垫的材料。庭院景观设计时也经常使用。

织部灯笼：灯笼的一种。四角形的入地灯笼，据传是茶人古田织部所制。

植栽：指种植草木。种植草木的地方也可称作植栽。

中心庭：即主庭。

竹穗垣：竹垣的一种。把竹枝紧密排列，再用竹竿固定围成竹垣。

竹垣：以竹子为主要材料制作的围栏。

主木：庭院景观中心的树木，也称标志树木。

主庭：庭院内位于中心位置的空间。

筑山：庭院内堆高的土坡。

和风庭院施工决策建议

庭院施工的流程与房屋建造一样，都要经过评估风格、确定预算、挑选施工方、沟通商量方案与价格这几个步骤。最后，对方案以及完工之后的成品感到满意后再付款，或是推荐给别人。最重要的是尽可能实地参观，仔细敲定设计和施工方案，并且找到一家值得信赖的施工方。庭院施工的大致步骤如下。

① 通过杂志或样板房有个大致印象

高秀股份有限公司的展示间。

最重要的是实地参观

首先，对自己想要的庭院有一个大致的印象，以及考虑好为什么想要。是新建庭院还是进行庭院的翻新，根据目的、孩子的成长情况等，会得出不同的答案。此外，还需要把施工需要用的空间考虑进去。因此，可以阅读住宅杂志，选出几个心仪的案例，或者是多去外装产品公司的展示间实地参观。在这一阶段，可以尽情地按照自己的想法来设计庭院。

② 决定整体的初步预算

高秀股份有限公司合作的庭院翻新贷款计划。
（ http://rgc.takasho.jp/grl/ ）

自己决定预算

到了决定预算的步骤了。好不容易拥有了一幢属于自己的独门独院，但是不动产登记手续过于繁琐，还未完成，住房贷款每月还要继续上缴等等。因为这些事情而焦虑的各位，需要冷静下来想清楚。根据不同的规模与设计，庭院建造可能会意外地费钱。所以，请计算好目前能够无压力支付的金钱额度。对于施工方来说，如果业主能够明白地提出建造预算，那么他们就会根据这个要求做出与之相符的方案。涉及金额较大时，也可以考虑分期支付。此外，还可以使用部分贷款支付的方式。

③ 选择施工方

季刊杂志《景观设计&园艺》的官方网站（ https://www.boutique-sha.co.jp/construction-company/ ）

参考实际的施工案例

决定好预算之后，就可以开始选择合适的施工方了，重要的是要多看看施工方的实际案例。可以在网上搜索官方网站查看，如果附近有现实的案例，也可以直接前往参观。犹豫不决时，也可以到处走走看看，看到喜欢的案例后，可以询问施工方的联系方式，向施工方的公司咨询详细情况。

④ 委托施工方进行场地勘察、设计与报价

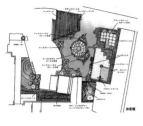

平面图（左）与立体透视图（右）。立体透视图比平面图更为直观与清晰。

双方坐下来好好沟通方案

决定施工方后，就可以请他们进行场地勘察和提出设计方案与报价。稍微好一些的公司会询问甲方业主的要求，并制作几个方案。最近一般会使用CAD（电脑绘图）制作立体透视图（示意图），会更为直观与清晰。这时，可请施工方到现场实地考察后再做出方案。报价单一般是免费制作，但设计图（平面示意图或者是立体透视图）可能需要收取一定的设计费用，事先询问清楚即可。可以多看其他两三个公司的报价后再决定。

⑤ 签订合同，敲定细节

使用了砖块的施工现场（左）与砖块的展示图片（右）。材料的颜色还是需要用实物确定为好。

慎重地选择并确认材料与尺寸

确定具体的方案之后，尽量不要再更改。施工之后再更改方案，不仅会延长工期，还需要支付额外的费用。因此，在制作示意图与报价单的阶段就要进行充分的沟通与协商。宁可反复修改设计图，也不要在施工之后才开始后悔。比如，砖块的颜色如果没办法从展示目录上把握，那么就去参观实物确定。如果不知道该如何选择，可以咨询施工方。工期如果延长，部分情况下会收取总报价30%~50%的费用。

⑥ 施工

施工现场。工期较长，令人迫不及待想看完成后的样子了。

积极沟通，给予信赖

方案与报价合适后，就可以开始投入施工了。建议业主最好能够在现场。即使按照纸上的方案施工，现场也难免会出现一些不可预测的小问题。如果业主能够在现场立刻对施工方针对问题提出的解决方案做出定夺，工程就能够顺利推进。而且，业主对施工作业的肯定也能够更好地激励施工方完成作业。可以说，庭院是由业主与施工方一同打造的。

⑦ 完成、支付

对成品满意，就会爽快地支付尾款。

五星好评最重要

施工完成后就到了支付阶段。重点在于业主是否满意。满意的话，就会非常爽快地支付尾款。如果有不满意或是希望再休整一下的地方的话，尽量在施工完成前提出。如果还有不满意的地方，可以继续追加施工。比起事后再重新请人来翻修，还不如一次性高效率完成。如果对施工十分满意，在支付期限内付款完毕即可。按照确认→同意→支付的顺序进行。

图书在版编目（CIP）数据

和风庭院百科 / 日本靓丽社编；韦晓霞译. —北京：
中国轻工业出版社，2020.10
ISBN 978-7-5184-3056-7

Ⅰ.①和… Ⅱ.①日… ②韦… Ⅲ.①庭院－景观设计
Ⅳ.① TU986.2

中国版本图书馆CIP数据核字（2020）第112956号

责任编辑：杨 迪 胡 佳　责任终审：劳国强　整体设计：锋尚设计
策划编辑：杨 迪　　　　　责任校对：晋 洁　责任监印：张京华

出版发行：中国轻工业出版社（北京东长安街6号，邮编：100740）
印　　刷：北京博海升彩色印刷有限公司
经　　销：各地新华书店
版　　次：2020年10月第1版第1次印刷
开　　本：787×1092　1/16　印张：10
字　　数：200千字
书　　号：ISBN 978-7-5184-3056-7　定价：68.00元
邮购电话：010-65241695
发行电话：010-85119835　传真：85113293
网　　址：http://www.chlip.com.cn
Email：club@chlip.com.cn
如发现图书残缺请与我社邮购联系调换
200103S5X101ZYW